药用植物生态图鉴

MEDICINAL PLANTS

Pictures of Herbs at
Their Growing Circumstances

赵素云　主编

重庆大学出版社

图书在版编目（CIP）数据

药用植物生态图鉴/赵素云主编.—重庆：重庆大学出版社，2009.10

（好奇心书系）

ISBN 978-7-5624-4824-2

Ⅰ.药… Ⅱ.赵… Ⅲ.药用植物-植物生态学-图集 Ⅳ.S567-64

中国版本图书馆CIP数据核字（2009）第041208号

好奇心书系

药用植物生态图鉴

赵素云 主编

书系主编：李元胜　　副主编：张巍巍 涵 秋

责任编辑：梁 涛 周 璇　　书籍设计：周 娟 钟 琛 刘 惠

责任校对：谢 芳　　责任印刷：赵 晟

文字编撰：赵素云 王 晴 赵俞平 严 俊 张迎春 胡柿红

图片摄影：赵素云 王 牧 赵俞平 费维萍

*

重庆大学出版社出版发行

出版人：张鸽盛

社址：重庆市沙坪坝正街174号重庆大学（A区）内

邮编：400030

电话：(023) 65102378 65105781

传真：(023) 65103686 65105565

网址：http://www.cqup.com.cn

邮箱：fxk@cqup.com.cn（营销中心）

全国新华书店经销

重庆三联商和包装印务有限公司

*

开本：787×1092 1/16 印张：24.5 字数：453千

2009年10月第1版 2009年10月第1次印刷

印数：1-5000

ISBN 978-7-5624-4824-2 定价：98.00元

编写说明

一、本书以中药常用名为品种名，以《中国植物志》确定的植物名为图片名。《药用植物生态图鉴》共收载常用、常见药用植物331种，原色药用植物生态图片372张。

二、本书收载的药用植物按系统发育顺序编排，书后附有中文名及拉丁学名索引，既有利于专业人士查阅，又将对一般读者起到普及有关植物进化知识的作用。

三、药用植物分布广泛，历史悠久，常出现同名异物、同物异名现象。为不致发生歧义，本书正名均统一到《中国高等植物图鉴》、《全国中草药汇编》的正名之下。别名部分，因限于篇幅，仅选取了少数有代表性的地方名。

四、每种药用植物均有来源、形态、生境、分布、用途方面的简要描述。对已经进行了现代科学研究（化学成分、药理作用）的在本书中收载的药用植物，编著者均以简化方式进行了全面而又最新的表达，希望以此增进读者对药用植物更多的认识与了解。

五、药用植物其他经济用途及综合利用是编著者多年从事中草药资源研究及广泛收集相关资料的结晶。这一部分无论对于药用植物进一步合理开发利用以及广大读者的生活、生产都会是大有裨益的。

六、本书所列药用植物用量是指成人一日所用药用植物干品量。用者可根据具体情况，在医生的指导下，酌情加减。

七、书中出现次数较多的植物分类学常用术语，解释如下：

（一）形态

植物依其茎的大小、生存期的长短和生长状态，区别为：

1.乔木　多年生直立、木质部极发达、具有单个树干，高达5米以上的植物。

2.灌木　高在5米以下的木本植物，有时在近基部处发出数个干。

3.乔木状灌木　一种中间类型，指状如乔木的灌木。

4.小灌木　高在1米以下的灌木。

5.半灌木　在木本与草本之间没有明显的区别，仅在基部木质化的植物。

6.草本　地上部分不木质化，开花结果后即行枯死的植物。

7.藤本　是一切具有长而细弱不能直立，只能倚附其他植物或有他物支持向上攀升的植物。

（二）由茎变成的器官

1.叶状茎或叶状枝　茎或枝扁化，绿色如叶状，行使叶的作用。

2.棘刺　枝变成的硬针刺。

3.卷须　枝变成的卷须。

4.纤匐枝　是从叶丛的叶腋中发生的无叶细长的伏地枝，其顶端生根并形成莲花状叶丛而成新植株，新植株成为独立个体后，纤匐枝的节间即行死去，这是与匍匐茎的区别。

5.地下纤匐茎（或枝）　是地下横卧的枝条，生长很快，末端具有芽、鳞茎或块茎。

（三）地下茎　是植物的变态茎，外表上与地上茎显然不同，且常与根混淆。主要有以下4种：

1.根状茎　是一延长直立或匍匐的多年生地下茎，有的极细长，有节和节间及鳞片叶。

2.块茎　是一短而肥厚的地下茎。

3.球茎　是一短而肥厚、肉质的地下茎，下部有无数的根，外面有干膜质的鳞片，芽即藏于鳞片内。

4.鳞茎　是一球形体或扁球形体，由肥厚的鳞片构成，基部的中央有一小的底盘，即退化的茎。

（四）花序

1.穗状花序　花多数，无柄，排列于一不分枝的主轴上。

2.总状花序　和穗状花序相似，但花有柄。

3.柔荑花序　是由单性花组成的一种穗状花序，但总轴纤弱下垂，雄花序于开花后全部脱落，雌花序于果实成熟后整个脱落。

4.肉穗花序　为一种穗状花序，但总轴肉质肥厚，且有一佛焰苞所包围。

5.圆锥花序　总轴有分枝，分枝上生二花以上，也就是复生的总状花序或穗状花序，或泛指一切分枝疏松，外形呈尖塔形的花丛。

6.头状花序　花无柄或近无柄，多数密集于一短而宽、平坦或隆起的总托上而成一头状体，此总托叫花序托（总花托）。

7.伞形花序　花有柄，花梗近等长，且共同从花序梗的顶发出，状如张开的伞。伞形花序有单的，即每一花梗或伞梗仅有一朵花；也有复生的叫复伞形花序，即每一伞梗顶端再生出一个伞形花序，此第二回生出的花序叫小伞形花序。

8.伞房花序　花梗或分枝排列于总轴不同高度的各点上，但因最下的最长，渐上递短，使整个花序顶成一平头状，最外的或最下的花先开。

9.隐头花序　花聚生于肉质中空的总花托内，同时又被这托所包围。

10.聚伞花序　为一有限花序，最内的或中央的花最先开放，后渐及于两侧。

（以上植物分类学术语摘自《中国高等植物图鉴》第一册）

目录

CONTENTS

1. 冬虫夏草（虫草）

为麦角菌科真菌冬虫夏草菌*Cordyceps sinensis*（Berk.）Sacc.寄生在蝙蝠蛾科昆虫幼虫上的子座及幼虫尸体的复合体。因冬季为受真菌感染后的蝙蝠蛾幼虫，来年春末夏初才从虫体头部长出一根紫红色的小草（子座），故名“冬虫夏草”。

虫体似蚕，长3～5 cm；头部红棕色；胸腹部深黄色至黄棕色，胸足3对，腹足5对；表面有环节。子座单生，偶有2～3个，棒球棍状，表面灰棕色至棕褐色，头部稍膨大，尖端具1.5～3 mm的不孕顶部。生于高山草甸和灌丛中。分布于西藏、甘肃、青海、云南、四川、贵州等省区。

含粗蛋白约25%、多种游离氨基酸、D-甘露醇、虫草素(cordycepin)、多糖、蕈糖、硬脂酸、软脂酸、尿嘧啶、腺嘌呤、麦角甾醇、维生素B_{12}等。

有加强免疫功能、抗辐射、抗菌、抗炎、降压、耐缺氧、降血清胆固醇、抗肿瘤、镇静、平喘、祛痰、抗烟碱、抗流涎、调节血糖、抗疲劳、调节性激素样、保肝、抗器官移植排斥反应、延缓衰老、保护肾脏、提高骨髓造血机能作用。

用于阳痿、遗精、腰膝酸痛、病后虚弱、喘嗽、自汗、神疲少食。内服：3～12 g。有表邪者忌用。

1.病后虚损：冬虫夏草3～5枚，老雄鸭1只，蒸食。

• 冬虫夏草

2.贫血、阳痿、遗精：冬虫夏草3～12 g，炖肉或炖鸡服。

冬虫夏草首载于清代吴仪洛《本草从新》中，为传统名贵滋补中药材，与人参、鹿茸并列为三大滋补品，为国家一级重点保护野生植物。

2. 云芝（杂色云芝、彩绒革盖菌）

为多孔菌科植物云芝*Coriolus versicolor*（Fr.）Quel.的子实体。

• 云芝

腐生真菌。子实体半圆伞状，常覆瓦状排列，相互连接，硬木质，深灰褐色，外缘有白色或浅褐色边。菌盖有短毛，有环状棱纹和辐射状皱纹，盖下色浅，有细密管状孔洞，内生孢子，管口面白色、淡黄色；无柄。孢子圆柱形。生于阔叶树木桩、倒木和枝上。各地均有分布。

子实体含多糖、蛋白酶、过氧化酶、淀粉酶、虫漆酶以及革酶，有抗癌、提高免疫功能作用。

用于肺疾、慢性支气管炎、迁延性肝炎、慢性肝炎。可作为肝癌免疫治疗的药物。内服：6～15 g。

慢性支气管炎：云芝9～15 g。水煎服。

云芝有广泛的经济用途。

另外，在段木栽培木耳和香菇时常有该菌生长，被视为有害“杂菌”。

3. 灵芝（灵芝草、菌灵芝、木灵芝）

为真菌类多孔菌科植物赤芝*Ganoderma lucidum*（Leyss. ex Fr.）Karst.的子实体。

菌柄侧生，粗可达4 cm，黄褐色，中空，质坚硬；菌盖半圆形、肾形或近圆形，厚2～3 cm；皮壳初为黄色，后变褐色，光亮，有环状棱纹和辐射状皱纹，边缘薄，菌肉白色至淡褐色，由无数菌管构成；管口初为白色，后变褐色。生于阔叶树腐木旁。我国大多数省区有人工培植。

含麦角甾醇、真菌溶菌酶、酸性蛋白酶、氨基酸、有机酸、氨基葡萄糖、树脂、多糖、三萜类、生物碱、香豆素、甙类等。

有抗癌、免疫调节、延缓衰老、镇静、镇痛、抗辐射、抗惊厥、保肝、降压、增加心肌收缩力、增加冠脉流量、减慢心率、抗血栓、降血糖、提高耐寒及耐缺氧能力、升高白细胞、促进蛋白质合成、改善造血功能、镇咳祛痰、抑菌、抑轻度肌肉松弛作用。

用于虚劳咳嗽、气喘、心神不宁、心悸失眠、神经衰弱、高血压病、冠心病、高脂血症、急性传染性肝炎、慢性支气管炎、癌症、白细胞减少、肾盂肾炎、矽肺、风湿性关节炎、老年虚损、鼻窦炎、克山病。内服：3～9 g。孢子用于皮肌炎、硬皮病、红斑狼疮、银屑病、肌无力、肿瘤等。

神经衰弱、矽肺：灵芝6 g。泡水当茶饮。

灵芝自古以来就被认为是吉祥、富贵、美好、长寿的象征，有“仙草”、“瑞草”之称。《神农本草经》列为上品，谓“主耳聋，利关节，保神益精，坚筋骨，好颜色，久服轻身不老延年”。国家已批准灵芝为新资源食品，可以药食两用。

• 赤芝

4. 木耳（耳子、黑木耳）

为真菌类木耳科植物木耳*Auricularia auricula*（L. ex Hook.）Uinderw.的子实体。因生长于腐木之上，形似人的耳朵，故名“木耳”。

• 木耳

子实体常覆瓦状丛生，耳状、叶状或近杯状，厚2 mm左右。初期为柔软的胶质，黏而富弹性，以后稍带软骨质，干后强烈收缩，变为黑色硬脆的角质至近革质状。背面疏生短绒毛。生于阔叶树砍伐处与树桩上。各地有人工栽培。

含木耳多糖、麦角甾醇、原维生素D_2、植物血凝素、氨基酸、蛋白质及脂质、纤维素、胡萝卜素、无机元素等。

有抗凝血、抗血栓、促进免疫功能、促进淋巴细胞脱氧核糖核酸和核糖核酸合成、降血脂、抗动脉粥样硬化、延缓衰老、抗辐射、抗炎、抗溃疡、降血糖、抗生育、抗癌、抗突变作用。

用于脑血管栓塞、动脉硬化、缺铁性贫血、气虚血亏、肺虚久咳、咳血、衄血、血痢、痔疮出血、妇女崩漏、高血压、眼底出血、胆肾结石、子宫颈癌、阴道癌、跌打伤痛。内服：3～10 g。虚寒溏泻及有出血倾向的人慎服。

高血压、血管硬化：木耳3～6 g，蒸或炖1～2 h，加冰糖5 g，睡前服。

木耳营养丰富，药食两用，是我国传统的保健食品和出口商品。其胶质可把残留在人体消化系统内的灰尘、杂质吸附集中起来排出体外，从而起到清胃涤肠的作用。因此，矿工、化工和纺织工人应常吃。

5. 海金沙

为海金沙科植物海金沙*Lygodium japonicum*（Thunb.）Sw.的孢子、地上部分。

草质藤本。叶二型，二回羽裂，营养叶小裂片卵状披针形，边缘有不规则的浅圆齿。孢子叶小裂片卵状三角形，多收缩呈撕裂状，下面边缘生流苏状黑褐色孢子囊穗。生于阴湿山坡或路边、林缘。分布于华东、中南、西南地区及陕西、甘肃省。

孢子含海金沙素（Lygdin）、脂肪酸、有机酸、蛋白质等。

有增强输尿管蠕动、抗菌、排石、利胆作用。

孢子用于尿路感染、尿路结石、带下、月经不调、痢疾、肝炎、出血。内服：5～9 g。肾阴亏虚者慎服。

地上部分名左转藤。用于尿路结石、尿路感染、炎症、痢疾、感冒发热、咳喘、烫伤、皮肤瘙痒、跌打伤肿、风湿痹痛、外伤出血。内服：9～30 g，鲜品30～90 g。外用适量，孕妇慎服。

1.尿路结石：海金沙、金钱草、车前草各30 g。水煎服。

2.真菌性口腔炎：鲜左转藤、马兰各30 g。水煎服或代茶频饮。

近年来发现海金沙孢子、叶、根能激活毛囊以及对引起脱发原因之一的雄激素睾酮活性有抑制作用，因此，可作为生发剂加以开发利用。

•海金沙

6. 鸟巢蕨（山苏花、铁蚂蟥 、七星剑、老鹰七）

为铁角蕨科植物巢蕨*Neottopteris nidus*（L.）J.Sm.的全草、根状茎。叶簇生，辐射状排列于根状茎顶部，中空呈漏斗状或鸟巢状，故名。

草本，高100～120 cm。根状茎短，密生鳞片。叶辐射状丛生；叶片宽披针形，革质，全缘，有软骨质边，侧脉分叉或单一。孢子囊群狭条形，生叶下面侧脉上侧，向叶边伸达1/2；囊群盖条形。附生于热带雨林中树干或岩石上。分布于广东、广西、海南、云南、贵州、台湾等省区。

• 巢蕨

全草用于骨折、跌打损伤。内服：10～15 g；外用适量。根状茎治阳痿。

1. 骨折：鲜巢蕨适量。捣烂，鸡蛋清调敷伤处。

2. 跌打损伤：巢蕨15 g。水煎服，并鲜巢蕨适量捣烂敷伤处。

巢蕨能承接空中枯枝落叶、飞鸟粪便和雨水作为自己的养分，亦可为其他附生植物，如某些兰花、蕨草提供定居的条件。为阴生悬挂观叶植物。

7. 骨碎补（爬岩姜、猴姜、石岩姜、碎补、石巴掌）

为槲蕨科植物槲蕨*Drynaria fortunei*（Kze.）J.Sm.的根状茎。《纲目》："藏器曰：骨碎补，本名猴姜。开元皇帝以其主伤折、补骨碎，故命此名。"

草本，高25～40 cm。根状茎粗壮肉质，密生鳞片。营养叶较小，槲叶状，灰棕色，无柄，干膜质，边缘粗浅裂；孢子叶长椭圆形，中部以上深羽裂；裂片边缘微有疏齿。孢子囊群圆形，内藏小脉的交叉点上，生于树干或岩石上。分布于西南地区及浙江、江西、福建、湖北、湖南、广东、广西等省区。

• 槲蕨

含柚皮苷、21-何帕烯、羊齿烯、甾醇类。挥发油中含烷烃、脂肪酸、萜烯氧化物、醛类。

有促进骨对钙的吸收、提高血钙和血磷水平、改善软骨细胞功能、推迟细胞退行性变化、抑制链霉素的耳毒性、降血脂、强心、镇静、镇痛、抑菌作用。

用于肾虚久泻、腰痛、风湿痹痛、耳聋、牙痛、久泄、耳鸣、遗尿、跌打骨折、鸡眼、斑秃。内服：10～20 g。外用适量。阴虚内热及无淤血者慎服。

1.关节脱位、骨折：复位或正骨后，鲜骨碎补（去毛）、榔榆皮、面粉各适量。捣成糊状，敷伤处，2～3日换药一次。

2.斑秃、脱发：骨碎补粉15 g，酒90 g。浸10余天，涂搽。

3.鸡眼、疣子：骨碎补粉20 g。70%酒精100 ml，浸泡3日。去鸡眼或疣子外层厚皮后，每2小时涂搽1次，连续4～6次。

骨碎补中提取的总黄酮治疗原发性骨质疏松症(肾阳虚型)已取得二类新药证书。

● 苏铁

8. 铁树

为苏铁科植物苏铁*Cycas revoluta* Thunb.的花（大孢子）、叶、根、种子。据说其生长需要大量铁元素，故名之。

常绿木本植物，不分枝。羽状叶从茎顶部生出，基部两侧有刺；羽片达100对以上，条形，厚革质，锐尖，上面有光泽。雌雄异株；雄球花圆柱形。种子卵圆形，熟时朱红色。生于温暖、向阳、干燥处。全国各地栽培。

花、种子含苏铁甙、新苏铁甙、玉蜀黍黄质等。叶含苏铁双黄酮、扁柏双黄酮等。花粉含腺嘌呤、胆碱、糖类等。

花、种子能诱发肿瘤及神经胶质瘤。

花、叶、根用于胃痛、慢性肝炎、风湿疼痛、跌打损伤、咳血、吐血、痛经、遗精、带下。花、叶内服：5～10 g。根外用适量。种子用于高血压病、慢性肝炎、咳嗽痰多、痢疾、遗精、白带、跌打损伤、刀伤。内服：9～15 g；或研末外用。花、种子及茎顶部的树心有毒，中毒症状为头晕、呕吐。使用前应以水充分洗涤。

胃痛：铁树叶15 g。水煎服。

绿化观赏树种。苏铁科植物是世界上最古老的种子植物，起源于古生代二叠纪，被誉为“植物活化石”，为国家一级保护植物。苏铁树干髓心含淀粉，可食用，又可作酿酒原料，对二氧化硫抗性较强。

9. 银杏（白果、公孙树）

为银杏科植物银杏*Ginkgo biloba* L.的种仁、叶。因种子状如小杏，中种皮色白如银，故名。

大乔木。叶簇生于短枝顶端或螺旋状散生于长枝上，扇形，上缘浅波状，有时中央浅裂或深裂，具多数2叉状并列的细脉。花单性异株，稀同株。外种皮肉质，被白粉，熟时淡黄色或橙黄色，有臭气；中种皮骨质，白色；内种皮膜质，胚乳丰富。全国各地栽培。

外种皮含白果酸、氢化白果酸等。种仁含微量氢氰酸。种子含银杏毒素及多种无机元素。叶含黄酮类及双黄酮类、生物碱、儿茶精类、苦味萜类、酸、脂、醇、酚、酮醛类、氨基酸及多糖。

● 银杏

种仁有降压、增加冠脉流量、提高耐缺氧能力、免疫功能抑制、平喘、抗癌、抗衰老、抑菌作用。叶有增加脑血流量、改善脑细胞代谢及神经功能缺损、降血压、降血黏度、升血清高密度脂蛋白和降胆固醇、降低胃黏膜溃疡指数、解痉作用。亦能明显提高大鼠血清SOD活力。

种仁用于支气管哮喘、慢性气管炎、肺结核、尿频、遗精、白带、鹅掌风、疥疮。内服：5~15 g；不可多食，以免中毒。外用适量。叶用于老年性脑功能紊乱、冠心病、失眠症、血栓、记忆损害、胸痹疼痛、喘咳痰嗽、泄泻痢疾、白带。内服：3~9 g。不能与茶叶和菊花一同泡喝。

1. 冠心病心绞痛：银杏叶、瓜蒌、丹参各15 g，薤白12 g，郁金9 g，生甘草5 g。水煎服。

2. 头面癣疮：鲜银杏适量。切断，频搽。

银杏为我国特产，国家一级保护植物。最早见于3.45亿年前的石炭纪，所以，又称“活化石”、“植物界的熊猫”。由于具有许多原始性状，对研究裸子植物系统发育、古植物区系、古地理及第四纪冰川气候具有重要价值。银杏亦是优美的庭园观赏树、造林树、绿化树和抗污染（烟尘和二氧化硫）树种。银杏叶可用于制作健康枕头，能改善人体呼吸，提高睡眠质量。目前用银杏叶提取物配制的护肤、护发、保健等方面的产品已达50余种。在银杏提取物中加入消炎剂或黏多糖可改善皮肤末梢血液循环和促进毛发生长，用以制造生发

• 银杏

剂，效果很好。

据《民间兽医本草》记载，银杏制剂可治家畜劳伤吊鼻、肺痈咳喘、肺虚咳嗽、尿淋尿血、母畜白带等症。银杏叶、外种皮可作农药，防治叶螨、桃蚜、二化螟、红蜘蛛、菜青虫等害虫。

银杏木材质优，价格昂贵，素有“银香木”或“银木”之称，可制作工艺品、家具、乐器、文化用品。在工业生产上，最适宜制作X线机滤线板、纺织印染滚、机模及脱胎漆器的木模、胶合板、砧板、木质电话等。中国银杏产量占世界总产量的90%，是出口创汇的重要商品。

10. 马尾松

为松科植物马尾松*Pinus massoniana* Lamb.的花粉、叶、枝干节结、树脂。

常绿乔木。叶2～3针一束，细长而柔软。雄球花淡红褐色，圆柱形，穗状；雌球花单生或2～4个聚生于新枝顶端，淡紫红色。球果卵圆形，熟时栗褐色；鳞盾菱形。种子长卵圆形，具翅。

生于山坡。分布于黄河流域及以南各省区。

马尾松

花粉含脂肪油、色素、丰富的微量元素、水溶性维生素、挥发油等。

花粉所含硒有抑制肿瘤细胞作用。有增加SOD活性、降脂、抑制血小板聚集、增强免疫细胞活性、调整胃肠功能、降低脏器组织和动脉内膜中的脂褐质含量、促进肝细胞活性作用。

花粉用于头痛眩晕、泄泻下痢、湿疹湿疮、创伤出血、胃溃疡、十二指肠溃疡、咳血、黄水疮、外伤出血。内服：3～9 g。外用适量。叶（松针）用于风湿痛、脚气、湿疮、癣、风疹瘙痒、跌打损伤、神经衰弱、慢性肾炎、高血压病。预防乙脑、流感。枝干的结节(松节)用于风寒湿痹、跌打伤痛。树脂经蒸馏或提取得到的松节油用于关节肿痛、肌肉痛、跌打损伤。树脂除去挥发油后的松香用于痈疽恶疮、瘰疬、疥癣、白秃、痛风、痹症、金疮、扭伤、白带、血栓闭塞性脉管炎。

临床研究报道，用松花粉治疗高脂血症32例，连续服用 4 个月观察疗效，总有效率达87.5%，结果满意。

蜜源植物。马尾松是重要的用材树种，也是荒山造林的先锋树种。主要供建筑、枕木、矿柱、制板、造纸、包装箱、火柴杆、胶合板等使用。木材极耐水湿，有“水中千年松”之说，特别适用于水下工程。松香是许多轻、重工业的重要原料。松节油可合成松油，加工树脂，合成香料，生产杀虫剂，并为许多贵重萜烯香料的合成原料。松针可提取挥发油，供作清凉喷雾剂、皂用香精及配制其他合成香料用，还可浸提栲胶。树材可制胶黏剂和人造板。松籽油除食用外，可制肥皂、油漆及润滑油等。松根可提取松焦油，也可培养贵重的中药材——茯苓。松枝富含松脂，可作火把、薪柴，还可提取松烟墨和染料。

11. 土槿皮（土荆皮、荆树皮）

为松科植物金钱松*Pseudolarix amabilis*（Nelson）Rehd.的根皮及近根树皮。

乔木。叶线形，柔软，扁平，长枝上叶辐射伸展，短枝上叶簇生。雄球花黄色，圆柱状，下垂；雌球花紫红色，直立，椭圆形。球果卵圆形，熟时淡红褐色；中部种鳞卵状披针形，两侧耳状；苞鳞长为种鳞的1／4～1／3，边缘有细齿。种子卵圆形，白色，种翅三角状披针形。生于山地林中。长江以南地区多栽培。

根皮含土荆皮酸、金钱松呋喃酸、白桦脂酸、β－谷甾醇等。种子含土荆皮内酯。树轮中含铅、铁、钙、锰、锌。

有抗真菌、抗生育、止血作用。有一定的抗肝癌活性。

用于疥癣、湿疹、神经性皮炎。外用适量。本品有毒，只能外用。

皮肤癣疮：土槿皮30 g，白酒60 g，浸泡7天。搽患处，搽前先用老姜片擦破癣痂。

金钱松的种子可榨油。木材黄褐色，结构粗略，但纹理通直，耐水湿，可供建筑、桥梁、船舶、家具等用材。金钱松有较强的抗火性，在落叶期间如遇火灾，即使枝条烧枯，主干受伤，次年春天主干仍能萌发新梢，恢复生机。是长江中下游地区海拔1 500 m以下山地丘陵的优良造林树种。树形优美，秋叶金黄，为珍贵的观赏树木之一，与南洋杉、雪松、日本金松、巨杉合称为世界五大公园树种。

• 金钱松

金钱松是我国特有的单种属植物，孑遗、稀有种，最早的化石发现于西伯利亚晚白垩世地层中。在第四纪大冰期时期，世界各地的金钱松基本灭绝，我国长江中下游少数地区作为避难所使其得以幸存，繁衍至今。因此，金钱松对研究松科系统发育及地质历史变迁有一定科学意义，是国家二级保护植物。

12. 柳杉

为杉科植物柳杉*Cryptomeria fortunei* Hooibrenk *ex* Otto *et* Dietr.的根皮、树皮或叶。

乔木。树皮红棕色，裂成长条片脱落。叶钻形，四边有气孔线。雄球花单生叶腋，长椭圆形；雌球花顶生短枝上。球果径1.2～2 cm。种子褐色，近椭圆形，扁平。根皮、树皮含双黄酮类、柳杉树脂酚、栲利烯。叶含双黄酮类、挥发油。长江流域以南常栽培。

根皮、树皮用于癣疮、鹅掌风、烫伤；外用适量。叶用于痈疽疮毒。

癣疮：鲜柳杉皮120 g，土槿皮120 g，加食盐30 g。水煎洗患处。

绿化和环保树种，亦为重要材用树种。

• 柳杉（上图） • 杉木（下图）

13. 杉木

为杉科植物杉木*Cunninghamia lanceolata*（Lamb.）Hook.的心材、树枝。

常绿乔木。小枝近对生或轮生。叶条状披针形，革质，微弯，长2～6 cm，边缘有细齿，上、下面沿中脉两侧有气孔带。雌雄同株；雄球花圆锥状，簇生枝顶；雌球花单生或2～4个集生。球果，苞鳞三角状宽卵形，宿存。种子两侧有窄翅。秦岭以南地区栽培。

木材含挥发油。叶含双黄酮类、挥发油。

用于脚气肿满、霍乱、心腹胀痛、风湿毒疮、漆疮、跌打肿痛、创伤出血、烧烫伤。内服：15～30 g。外用适量。杉木树皮、叶、球果、种子均药用。不可久服和过量服用。体虚者禁服。

1.脚气肿满：杉木适量。水煎浸脚。

2.烫伤：杉木烧炭存性，研粉，调植物油外敷患处。

杉木为我国重要用材树种，并可作造纸、纺织等原料。种子含油约20%，供制肥皂。

14. 侧柏

为柏科植物侧柏*Platycladus orientalis*（L.）Franch.的种仁、根皮、枝。

常绿乔木。小枝细，排成一平面。叶鳞片状。雄球花黄色，卵圆形；雌球花近球形，蓝绿色，被白粉。球果成熟前近肉质，蓝绿色，被白粉；熟后木质，开裂，红褐色。生于山地。分布于全国大部分地区。

● 侧柏

种仁含挥发油及不饱和脂肪酸。种子含柏木醇、谷甾醇和双萜类成分。

种仁可明显改善损伤造成的记忆再现障碍及记忆消失。

种仁（柏子仁）用于惊悸怔忡、失眠健忘、盗汗、肠燥便秘。内服：10～15 g。根皮（柏根白皮）用于烫伤。枝节用于霍乱转筋、齿龈肿痛。叶用于吐血、衄血、尿血、痢疾、肠风、崩漏、风湿痹痛。树脂用于疥癣、黄水疮、丹毒。

1.失眠健忘：柏子仁、夜交藤各12 g，远志、酸枣仁、茯苓各9 g。水煎服。

2.视力减退：柏子仁、猪肝各适量。加猪油蒸服。

3.脱发、脂溢性皮炎：鲜侧柏叶30 g。切碎，加入75%酒精100～500 ml，浸泡7天，外搽，日涂3次。

常用造林树种。侧柏的嫩枝叶是备受道家推崇的延年上品。《本草纲目》中有“乃多寿之本，因此可以入服食，道家以之点汤常饮”的记载。

15. 罗汉松（罗汉杉、土杉）

为罗汉松科植物罗汉松*Podocarpus macrophyllus*（Thunb.）D.Don的种子、花托、根皮及叶。因其种子形似罗汉而得名。

• 罗汉松

常绿乔木。叶螺旋状排列，条状披针形，中脉突起。雌雄异株；雄球花穗状；雌球花单生叶腋。种子卵圆球形，熟时肉质假种皮紫色或紫红色，有白粉，着生于肥厚肉质的种托上；种托红色或紫红色。我国南方各地多栽培。

种子含罗汉松内酯、竹柏内酯等。花粉含胆甾二醇、对香豆酸、芹菜素、穗花杉双黄酮等。叶含蜕皮甾酮类及双黄酮类、挥发油。

种子及花托用于胃脘疼痛、血虚面色萎黄。内服：10～20 g。根皮用于跌打损伤、骨折、风湿痹痛、癣疾。叶用于吐血、咳血。

1.胃痛：罗汉松子9 g、白芍6 g。水煎服。

2.神经衰弱失眠、心悸：罗汉松子10 g，合欢花、远志、柏子仁各6 g。水煎服。

罗汉松为古老植物，三叠纪晚期已有生长，原产我国。园林树种。种子榨油，可供食用及工业用。木材耐腐蚀，可作水利工程材料。

16. 百日青(璎珞松、竹叶松)

为罗汉松科植物百日青(*Podocarpus neriifolius* D. Don 的叶。

常绿乔木。叶螺旋状着生，厚革质，条状披针形，常微弯（萌生枝上的叶较宽，先端常有短尖头）。雄球花穗状，单生或2～3簇生叶腋。种子单生叶腋，卵球形，熟时肉质套被紫红色，着生于肉质种托上；种托橙红色。生于林中。分布于浙江、福建、广东、广西、湖南、贵州、云南和四川等省区。

叶含一种昆虫蜕皮激素。

用于支气管炎、风湿性关节炎。

材质优良，木材坚韧，可作乐器、雕刻等用，也可供建筑及制作家具等。

17. 竹柏（罗汉柴）

为罗汉松科植物竹柏*Podocarpus nagi*（Thunb.）Zoll. *et* Mor. *ex* Zoll.的叶、根皮及茎皮。叶似竹，茎似柏，故名。材质似杉木，又有“山杉”之称。

•百日青(上图) •竹柏(下图)

常绿乔木。树皮红褐色或暗紫红色。叶2列，长卵形或椭圆状披针形，细脉并列。雌雄异株；雄球花穗状。种子球形，成熟时假种皮暗紫色，有白粉，骨质外种皮黄褐色，内种皮膜质。生于低海拔林中。分布于浙江、江西、福建、台湾、湖南、广东、广西、四川等省区。

叶含竹柏内酯类、酚类、β-谷甾醇。茎皮、种子含竹柏内酯，种子亦含柳杉酚、β-谷甾醇及蔗糖等。

种子竹柏内酯有抗肿瘤作用。

叶用于外伤出血、骨折。外用适量。根皮及茎皮主治风湿痹痛。

外伤出血：竹柏鲜品适量。捣烂敷伤处。

竹柏观赏性极佳，又是优良的油料作物。种子含油量高达30%，可提取工业用油，经过处理也可供食用。木材纹理通直，结构细致，硬度适中，易加工，耐久用，为优良的建筑、家具、文具、乐器及工艺用材。

18. 篦子三尖杉

为三尖杉科植物篦子三尖杉*Cephalotaxus oliveri* Mast.的种子和枝叶。

● 篦子三尖杉

灌木，高达4 m。叶条形，质硬，2列，中部以上向上弯曲，下面有白色气孔带，较绿色边缘带宽1～2倍。雄球花聚成头状花序；雌球花的胚珠通常1～2枚。种子倒卵圆形，有小尖头。生于林中。分布于西南地区及江西、湖北、湖南、广东等省。

含粗榧碱、三尖杉碱、高三尖杉酯碱及双黄酮类。

有抗癌作用。

用于血液系统肿瘤及其他一些恶性实体瘤。主要毒副反应为骨髓抑制和消化道反应。

孑遗植物，国家二级保护渐危种。篦子三尖杉木材结构细致，坚实不裂，宜作雕刻、棋类及工艺品材料。

19. 鱼腥草（侧耳根、猪鼻孔）

为三白草科植物蕺菜*Houttuynia cordata* Thunb.的带根全草。因全草具鱼腥味，故名。

● 蕺菜

草本。茎节上轮生小根。叶片阔卵心形，下面常紫红色。穗状花序生于茎顶，与叶对生；总苞片4枚，长圆形或倒卵形，白色；花小而密，无花被。蒴果卵圆形，顶端开裂。种子多数，卵形。

生于低山及平坝。分布于我国中部、东南至西南部各省区。

含挥发油、黄酮、生物碱、有机酸和甾醇等成分。

有抗菌、抗病毒、增加免疫功能、滋补强壮作用。可使毛发生长，由白变黑。鱼腥草液对X线照射和环磷酰胺所致小鼠的白细胞减少，有较好的恢复作用。

用于多种感染性疾病。内服：15～25 g，不宜久煎；或鲜品捣汁，用量加倍。外用适量。虚寒证慎服。

肺脓肿、吐血：鱼腥草、天花粉、侧柏叶各等分。水煎服。

鱼腥草是具食疗作用的风味野菜。亦可加入糖果，饼干及面包中。现已开发出鱼腥草苦丁茶、鱼腥草饮料等保健饮料。

20. 三白草（塘边藕、白花莲）

为三白草科植物三白草*Saururus chinensis*（Lour.）Baill.的地上部分及根。茎梢的2～3枚叶常于夏初开花时变为白色，故名。

草本。地下茎有须状小根。叶柄基部与托叶合生成鞘状；叶片阔卵形至卵

• 三白草

状披针形，基部心形，略呈耳状或稍偏斜。总状花序生于茎上端，与叶对生，白色；花小，无花被。蒴果近球形，顶端开裂。种子多数。生于沟边、池塘边。分布于河北、河南、山东和长江流域及其以南地区。

全草含挥发油、黄酮类、木脂素、马兜铃内酰胺A、胡萝卜甙等。茎、叶均含可水解鞣质。

有中枢抑制和抗精神病作用及降糖作用。

用于尿路感染、水肿、脚气、黄疸、痢疾、带下、痈肿疮毒、湿疹、蛇咬伤。内服：10～30 g；外用鲜品适量。脾胃虚寒者慎服。

尿路感染：三白草15 g，车前草、鸭跖草、白茅根各30 g。水煎服。

本品亦为北美的民间草药，作镇静和消肿的泥敷剂。茎叶可作饲料和农药。

21. 鱼子兰（珠兰）

为金粟兰科植物金粟兰*Chloranthus spicatus*（Thunb.）Makino的全草或根。本种枝叶青翠，花幽香如兰，金黄色似鱼子，故名。

常绿半灌木。叶倒卵状椭圆形，边缘有钝齿，齿尖有一腺体。穗状花序通常顶生，成圆锥花序式排列；花小，两性，无花被，黄绿色，极香；雄蕊3枚；

• 金粟兰

子房倒卵形。核果。生于山坡、林边阴湿地和灌丛中。我国南部各地多栽培。

含挥发油。

全草乙醇提取液对大白鼠离体子宫收缩力和频率均有增强作用。

用于感冒、风湿痹痛、肢体麻木、食积腹痛、风寒咳嗽、跌打损伤、疮肿及毒蛇咬伤。内服：10～30 g。外用适量。孕妇慎服。

风湿骨痛、跌打损伤：金粟兰30～60 g。水煎服或泡酒服。

芳香植物，鲜花极香，可熏茶或掺入茶叶，称珠兰茶；亦可提取芳香油。

22. 草珊瑚（肿节风、铜脚灵仙、九节风、九节茶、接骨丹）

为金粟兰科植物草珊瑚*Sarcandra glabra*（Thunb.）Nakai的干燥全株。

常绿半灌木。茎节部明显膨大。叶对生，革质，椭圆形、卵形至卵状披针形，边缘具粗锐锯齿，齿尖有一腺体。穗状花序顶生，分枝；花小，两性，无花被，黄绿色。核果球形，熟时亮红色。

● 草珊瑚

生于山坡、沟谷、林下阴湿处。分布于福建、广东、四川、贵州、云南等省。

含挥发油、异秦皮定、延胡索酸、琥珀酸、黄酮甙及香豆精衍生物等。

具广谱抗菌作用，亦有镇咳、祛痰、平喘、抗癌、抗病毒、促进骨折愈合作用。

用于流感、流脑、肺炎、风湿痹痛、肢体麻木、跌打损伤、骨折、妇女痛经、产后淤滞腹痛、急性阑尾炎、急性胃肠炎、菌痢、肿瘤、胆囊炎、脓肿、口腔炎。内服：9～15 g。外用适量。阴虚火旺者及孕妇禁服。宜先煎或久煎。

多种炎症和感染：草珊瑚15 g。水煎服。

对草珊瑚根、茎、叶中异嗪皮啶的含量测定表明，根的含量最高，叶中最少。草珊瑚叶的总黄酮成分含量最高。草珊瑚主要为中成药及牙膏的原料。鲜叶所含挥发油有兴奋作用，还具有抗衰老、防紫外线、防角蛋白质的流失、护肤等多重功效，因此，是一种理想的化妆品添加剂。

23. 杨梅（白蒂梅、椴梅、龙晴、朱红）

为杨梅科植物杨梅*Myrica rubra*（Lour.）Sieb. *et* Zucc.的果实、树根皮及叶。因味道似梅子，因而取名杨梅。

乔木。叶片长椭圆或倒披针形，革质，全缘或有少数钝齿，下面有金黄色腺体。雌雄异株；雄花序圆柱形，黄红色；雌花序卵状长椭圆形，常单生。核果球形，外果皮暗红色，由多数囊状体密生而成，内果皮坚硬。生于山坡或林内。分布于我国南方地区。

果实含多种有机酸。种子含类脂，包括中性类脂、糖脂和磷脂。茎皮含黄酮类、联苯环庚类、三萜类、没食子原飞燕草素衍生物、没食子酸等。

茎皮有抑菌、刺激胆汁分泌、止血作用。根皮有收敛作用。种仁提取液对胃癌细胞有杀伤和抑制作用。

果实用于烦渴、呕吐、呃逆、胃痛、食欲不振、食积腹痛、饮酒过度、雷公藤中毒、痢疾、衄血、头痛、跌打损伤、骨折、烫火伤。内服：15～30 g。外用适量。多食损齿。树皮用于脘腹疼痛、胁痛、牙痛、疝气、跌打损伤、骨折、吐血、衄血、痔血、崩漏、外伤出血、疮疡肿痛、腮腺炎、咽喉肿痛、溃疡、牙疳、烫伤、湿疹、疥癣、感冒、泄泻、痢疾。叶用于皮肤湿疹。根皮用于胃肠炎、感冒发烧、感染。

1.吐酒：杨梅干适量。临饮酒时服。

2.痢疾：杨梅15 g。水煎服。

3.鼻管阻塞：杨梅树皮适量。研末制成鼻烟吸剂。

我国特产水果，所含果酸开胃生津、消食解暑，有阻止体内的糖向脂肪转化的功能，有助于减肥。

• 杨梅

24. 核桃楸果（马核桃、楸马核果、马核果、秦皮、山核桃）

为胡桃科植物核桃楸*Juglans mandshurica* Maxim.未成熟果实、果皮及树皮。

• 核桃楸

乔木。小枝髓部薄片状。羽状复叶；小叶椭圆形至长椭圆形，边缘具细锯齿，背面有毛。花雌雄同株；雄葇荑花序腋生，下垂，先叶开放；雄花花被片3～4枚；雌花序穗状，顶生，直立，花被片4枚，柱头鲜红色。核果球形或卵形，密被腺毛；果核坚硬，有纵棱、皱曲及凹穴。生于沟谷、山坡或林中。分布于东北地区及河北、山西等省。

果仁含油脂40%～50%，尚含蛋白质、糖及维生素C。青果皮中含胡桃醌等。

青果皮及树皮有抗癌作用。

果皮用于脘腹疼痛、牛皮癣。内服：6～9 g。外用适量。果仁用于肺虚咳喘、肾虚腰痛、遗精阳痿、大便秘结。树皮用于湿热下痢、带下黄稠、目赤肿痛、麦粒肿、迎风流泪、骨结核。

1.食管贲门癌：核桃楸未成熟果实适量。酒浸，每日3次，每次10～20 ml，连服1年。

2.慢性菌痢：核桃楸树皮12 g，生地榆、椿根白皮各9 g。水煎服。

核桃楸木材优良，经济价值高，被誉为东北三大名贵木材（水曲柳、核桃楸、黄檗）之一，广泛用于军工、建筑、家具、车辆、木模、船舰、运动器械及乐器等用材中。可作嫁接核桃的砧木和育种的材料。国家三级保护植物。

25. 胡桃(核桃)

为胡桃科植物胡桃*Juglans regia* L.的种仁及果皮。

胡桃

乔木。奇数羽状复叶；小叶长椭圆形，脉腋内有1簇短毛。雌雄同株；雄花序葇荑状，腋生，下垂；雌花序穗状，直立，生幼枝顶端；花小而密；柱头羽毛状，鲜红色。核果近球形；外果皮绿色，有斑点，中果皮肉质，内果皮骨质，表面凹凸不平，内壁具空隙而有皱折，隔膜较薄。生于山地、路旁。分布于全国各地。

种仁含粗蛋白、磷脂、多种游离的必需氨基酸、甾醇类、碳水化合物、微量元素锌、锰、铬等。种仁油中含不饱和脂肪酸约89%。

种仁有抗癌、抗衰老、抗脂质过氧化、抗诱变、增强脑功能、降胆固醇、降甘油三酯作用。

种仁用于腰痛脚弱、尿频、Ⅱ型糖尿病、胃痛、阳痿、遗精、因化疗引起的白细胞降低、慢性气管炎、肠燥便秘、脂肪肝、神经衰弱、尿路结石、皮肤感染、湿疹、化脓性中耳炎。内服：9～15 g。外用适量。痰火积热、阴虚火旺、大便溏泄者禁服。不可与浓茶同服。胡桃的中、外果皮名“青龙衣”，用于牛皮癣。

1.肾虚耳鸣、遗精：胡桃仁3个，五味子7粒，蜂蜜适量。睡前嚼服。

2.牛皮癣：胡桃鲜外、中果皮适量。捣烂绞汁，涂患处。

胡桃在国际市场上与扁桃、腰果、榛子，并列为世界四大干果，国外人称“大力士食品”、“益智果”。《神农本草经》亦将胡桃列为久服“轻身益气、延年益寿”的上品。胡桃仁含有的大量维生素E，经常食用可润肌肤、乌须发。当感到疲劳时，嚼些胡桃仁，有缓解疲劳和压力的作用。胡桃原产伊朗，我国栽培历史悠久，公元前3世纪张华著《博物志》一书中，就有“张骞使西域，得还胡桃种”的记载。胡桃的使用已逐渐融入我国民间习俗，如作为婚庆和爱情的象征，喻为“百年好合”。因胡桃一次栽培，百年收益，故又有“百年庄稼”之称。

26. 化香树（栲香、山麻柳）

• 化香树

为胡桃科植物化香树*Platycarya strobilacea* Sieb. *et* Zucc.的叶或果序。

小乔木。羽状复叶；小叶7～23枚，卵状披针形，边有重锯齿。花单性或两性，同株；雄花序及两性花序常顶生，伞房状；雄花无花被；雌花序长圆形；雌花花被片2。果序长椭圆形，苞片宿存，木质，褐色；小坚果具狭翅。生于林中。分布于广东、广西、湖南、浙江、贵州等省区。

全株含鞣质。叶含胡桃叶醌、

对-香豆酸甲酯、香豆精。木材含没食子酸类及糖类。

叶中提取的萘醌类化合物有杀鱼、抗病原微生物、抑制植物生长的作用。

用于疮痈肿毒、骨痈流脓、顽癣、阴囊湿疹、癞头疮。有毒，外用适量，不可内服。果用于内伤腹胀痛、跌打损伤、筋骨疼痛、痈肿、湿疮、疥癣。内服：5～15 g。外用适量。

癣疥：化香树果序适量。煎水洗。

化香树多用于绿化、木材生产、鞣革、色素生产及制药。化香树的果序通过合理处理和加工，可变成品质多样的干花商品。在我国湘桂黔交界山区，有一种历史悠久的“虫茶”。“虫茶”是由化香夜蛾、米黑虫等昆虫以化香树树叶为食，排出的粪便经晒制处理后而成的。“虫茶”颗粒细圆、油光金黄，泡出茶来，香气四溢，既是清凉解渴饮料，又具药用健身价值。

27. 枫杨（溪麻柳、麻柳树、水麻柳）

为胡桃科植物枫杨*Pterocarya stenoptera* C.DC.的树皮、根、果及叶。

乔木。髓部薄片状。羽状复叶互生，叶轴有狭翅；小叶长椭圆状披针形，边缘有细齿，脉腋内有一簇极短的星状毛。葇荑花序；雌雄同株；雄花花被片1～2枚；雌花花被片4枚。果序长；小坚果长椭圆形，两侧有果翅。生于河滩、林中、路旁。分布于华东、中南、西南地区及陕西、台湾省。北方有栽培。

• 枫杨

有抗菌作用。

树皮、叶、根用于风湿麻木、头颅伤痛、齿痛、疥癣、浮肿、痔疮、烧烫伤、阴道滴虫、血吸虫病、蜂窝组织炎、神经性皮炎。内服：6～9 g。外用适量。有毒，应慎用。果用于风寒咳嗽、疮疡肿毒、天泡疮。内服：9 g。外用适量。

1. 癞头：鲜枫杨皮120 g，皂荚子60 g(捣碎)。水煎，洗患处。

2. 脚趾湿疹（香港脚）：枫杨皮或叶适量。捣烂，搽患处。

28. 青杠碗（青桐碗、青枫转、栗橡子）

● 栓皮栎

为壳斗科植物栓皮栎*Quercus variabilis* Bl.的果壳或果实。

乔木。树皮栓皮层发达。叶长椭圆状披针形，边缘具芒状锯齿，下面有绒毛。雌雄同株；雄花花被2～4裂，雄蕊通常5枚。壳斗杯形，包坚果约2／3；小苞片钻形，反曲；坚果近球形，顶端平圆。生于灌丛中。分布于华东、中南、西南地区及辽宁、河北、山西、陕西、甘肃、台湾等省。

用于咳嗽、久泻、久痢、痔漏出血、头癣。内服：10～15 g。外用适量。

1.咳嗽、水泻：青杠碗15～30 g。水煎服。

2.头癣：青杠碗适量。研末，调菜油搽患处。

栓皮栎树皮的栓皮层国际上通称为软木。它的细胞体积内约有一半是空气，因而质地特别轻软。一株15 cm粗的幼树，其软木层厚可达2 cm，径级越大软木层也越厚，最厚者可达15 cm以上。软木在工农业生产、国防、医疗卫生和文教体育等方面均有用途。如用做汽车和机器上的防震片及舰艇上的救生圈等。建筑上多用作地板、软木块、软木砖等。它具有弹性好、质轻、防热、防潮、隔音、耐酸碱、电绝缘、无异味、无毒性、不易着火和经久耐用等特点，因而被人们视为绝热、绝缘、防震、防湿、隔音的理想材料。近年来，也用作宇宙飞船材料。栓皮栎炭火力强而耐久，是良好的薪炭材。皮不易燃烧，为防火林的优良树种。人类使用软木已有两千多年的历史。早在公元前3世纪，埃及人就用它浮起渔网。古地中海沿岸的居民还用它做成鞋底、桶盖、瓶塞等。葡萄牙每年生产占世界总产量56%的高质量的软木，是世界上最大的软木生产国。

29. 构树

桑科植物构树*Broussonetia papyrifera*（L.）Vent.的果实、叶、乳汁及根。

● 构树（上图） ● 构树果（下图）

乔木。有乳汁。叶、小枝被毛。叶互生，阔卵形至长圆状卵形，不分裂或有3～5裂，边缘有齿。雌雄异株；雄花序葇荑状，腋生，下垂；雌花序头状。聚花果肉质，球形，径约2 cm，熟时橙红色。生于山坡、林缘或路旁。分布于黄河、长江和珠江流域地区。

果实含皂甙、对香豆酸、维生素B及油脂。种子含油约31.7%。叶含粗蛋白、氨基酸、维生素和微量元素。全株含鞣质。

果实对亚硝酸钠中毒缺氧有明显改善作用。有促进学习和记忆、抗老年痴呆作用。

果实（楮实子、楮实、构泡）用于老年痴呆、肾虚腰酸软、头晕目昏、目翳、肝硬化腹水、尿少。内服：6～10 g。脾胃虚寒、大便溏泻者慎服。乳汁外搽癣症、神经性皮炎、湿疹。根能利尿、强筋骨。叶用于肠炎、痢疾、鼻血。

肾虚腰酸软、头晕目昏：楮实子、杜仲、牛膝各12 g，枸杞、菊花各9 g。水煎服。

果实《名医别录》列为上品。树皮可作高级混纺原料、人造棉、牛皮纸、宣纸。种子所含脂肪油用于制肥皂、油漆和润滑油等。雄花序含较多的蛋白质、氨基酸，可食。果实、叶也可作饲料原料。叶水浸液可防植物蚜虫。木材为器具、家具、木浆造纸、高档纤维板、薪炭等用原料。鞣质可提制栲胶。楮实子是开发治疗老年性疾病新药的原料，还可以制成美容保健类的产品。

30. 无花果（奶浆果、树地瓜）

为桑科植物无花果*Ficus carica* L.的果实及叶。

灌木或小乔木。具乳汁。叶厚膜质，宽卵形或卵圆心形，常3～5裂，边缘有钝齿，上面粗糙，下面密生细小钟乳体及黄褐色短柔毛。雌雄异株，隐头花序；雄花和瘿花生于同一花序托内；雌花生在另一花序托内，花被片3～4枚。花序托梨形，紫红色或黄绿色，肉质，顶部下陷，基部有3苞片。我国各地栽培。

果实含香豆素类、三萜类、挥发油、有机酸类、胡萝卜素类、蛋白质、氨基酸、脂肪、糖类以及钙（Ca）、铁（Fe）、微量元素等。叶含补骨脂素、β-谷甾醇、棕榈酸、愈疮木酚。

果实有抗肿瘤、提高细胞免疫功能、镇痛、增强大鼠肝类脂质过氧化反应、降血压作用。毒性：给大鼠注射未成熟果实的乳汁，可使动物立即死亡或引起局部组织坏死。

果实用于咽喉肿痛、燥咳声嘶、乳汁稀少、便秘、食欲不振、消化不良、泄泻、痢疾、痈肿、癣疾。内服：9～15 g。外用适量。脾胃虚寒者慎服。叶用于肿毒、心痛、痔疮。

1.咽痛：无花果7个，金银花15 g。水煎服。

2.胃癌、肠癌：每日餐后生食5枚鲜无花果；或干果20 g，水煎服。

药食两用。果营养丰富，含7种人体必需的微量元素，维生素C的含量为

• 无花果

2 mg / 100 g，蛋白质含量为苹果的6倍，还含大量膳食纤维。可以制成无花果干、果酱、果冻、罐头、果汁、调味品等，亦可从中提取无花果蛋白酶和果胶，具有很高的经济价值。抗大气污染，有利于净化环境。

31. 树地瓜（山枇杷、斑鸠食子）

为桑科植物菱叶冠毛榕*Ficus gasparriniana* var. *laceratifolia*（Levl.et Vant.）Corner的果实及根。

灌木。有乳汁。叶倒卵状披针形，不裂或不规则的齿裂。隐头花序球形或椭圆形，顶口苞片直立，成熟时紫红色，长0.8～1.0 cm；雄花和瘿花生于同一花序托内；雌花生于另一花序托内，花被片3～5枚。生于林中或水边。分布于陕西、四川、贵州、云南等省。

果实用于乳汁不足。根用于痢疾、淋症、颈淋巴结结核、痔疮。内服：15～24 g。

痢疾：树地瓜根、刺梨根各30 g，白头翁、马齿苋各60 g。水煎服。

● 菱叶冠毛榕

● 黄葛树果

● 黄葛树

32. 黄葛树（大榕树、黄桷树）

为桑科植物黄葛树*Ficus virens* Ait. var. *sublanceolata*（Miq.）Corner的叶及根。

乔木。板根延伸可达数十米外，支柱根形成树干。叶长椭圆形或近披针形。隐头花序近球形，熟时黄色或红色；雄花、瘿花、雌花同生于一花序托内；雄花生于花序托内壁近口部，花被片4～5枚。瘦果微有皱纹。生于疏林中或溪边。分布于广东、海南、广西、重庆、四川、贵州、云南等省市。

叶用于筋骨疼痛、迎风流泪、皮肤瘙痒、臁疮、跌打损伤、骨折。内服：9～15 g。外用适量。根用于风湿痹痛、四肢麻木、半身不遂、劳伤腰痛、跌打损伤、水肿、疥癣。乳汁用于疥癣、痄腮。

远年骨痛：黄桷叶适量。蒸醋，送饭常食。

常见作庭荫树、行道树。

33. 葎草（勒草、葛勒蔓、割人藤、锯锯藤）

为桑科植物葎草*Humulus scandens*（Lour.）Merr.的全草。

蔓性草本，长达数米。茎枝和叶柄密生短倒向钩刺。掌状叶5～7深裂，边

● 葎草

缘有锯齿，上面有粗刚毛，下面有细油点。雌雄异株；雄花序圆锥花序；雌花序短穗状；花小，黄绿色；雌花每2朵具1苞片。果穗近球形。生于路旁、沟边或林灌丛中。我国大部分地区有分布。

全草含木樨草素、葡萄糖甙、胆碱、天冬门酰胺、挥发油等。果含葎草酮、蛇麻酮。叶含木樨草素-7-葡萄糖甙、大波斯菊甙、牡荆素。

有抗菌作用。葎草酮有毒。

用于肺热咳嗽、慢性腹泻、肺结核、细菌性痢疾、虚热烦渴、热淋、水肿、小便不利、热毒疮疡、皮肤瘙痒。内服：10～15 g。外用适量。

1.肺结核：葎草、夏枯草、百部各12 g。水煎服。

2.皮肤瘙痒：葎草、苍耳草、黄柏各适量。煎水，洗患处。

34. 桑叶（蚕叶、霜桑叶）

为桑科植物桑*Morus alba* L.的叶。

灌木或乔木。叶卵形或宽卵形，边缘有齿，有时不规则分裂，下面脉腋间有毛。雌雄异株；花序穗状；花被片4枚。瘦果聚合成卵圆形或长圆形，熟后肉质，黑紫色或红色。种子小。全国各地栽培。

含甾体类、三萜类、黄酮及其甙类、香豆精及其甙类、挥发油、氨基酸、生物碱、有机酸、维生素C、烷烃、内消旋肌醇及溶血素等。

有降血糖、降血压、抗菌、抗衰老、降血脂、利尿、祛痰、兴奋子宫、抑制肿瘤作用。所含蜕皮激素能促进细胞生长，刺激真皮细胞分裂，产生新生的表皮并促使昆虫蜕皮。桑叶乙醇提取物内的植物雌激素，喂饲小鼠可减慢生长速度。

用于风热感冒、风温初起、发热头痛、汗出恶风、咳嗽胸痛、肺燥干咳无痰、咽干口渴、肝阳上扰、目赤肿痛、下肢象皮肿、面部褐色斑、脂溢性脱发、化脓性中耳炎、糖尿病、乳糜尿。内服：4.5~9.0 g。外用适量。

结膜炎、角膜炎：桑叶60 g，野菊花30 g，金银花40 g。水煎，洗眼。

桑是栽培最早、用途最广植物之一，以叶作为蚕的食物而著名。桑根、皮、果、枝均作药用，综合利用价值极高。桑叶资源丰富，药食两用。可提取超氧化物歧化酶（SOD），用于美容品。桑叶含有17种氨基酸及8种矿物质元素。其中，人体必需氨基酸含量达3.28%，作为保健食品或者饲料开发有较大前景。日本已有桑叶茶、桑叶面、桑叶小甜饼等保健食品面市。

• 桑

35. 苎麻（家麻）

为荨麻科植物苎麻*Boehmeria nivea*（L.）Gaud.的根及茎、叶。

半灌木。茎密生粗长毛。叶宽卵形或卵形，边缘密生齿牙，下面密生交织的白色柔毛。雌雄通常同株；花序圆锥状，腋生；雄花小，花被片4枚；雌花簇球形，花被管状，宿存。瘦果为宿存花被包裹。全国各地栽培。

根含绿原酸、β－谷甾醇、胡萝卜甙和19α－羟基乌苏酸。全草含有机酸及酚类物质。

有止血、抗菌作用。

用于血热妄行所致的衄血、血淋、便血、崩漏、紫癜、胎动不安、胎漏下血、消化道出血、骨鲠、小便淋沥、痈疮肿毒、虫蛇咬伤。内服：5～30 g。外用适量。无实热者慎服。茎、叶浸膏止血效果较好。

1.咯血：苎麻根、白茅根各30 g。水煎服。

2.结石：苎麻根20 g，海金沙5 g，金钱草30 g。水煎服。

原产中国，栽培历史悠久，距今已有4 700年以上。苎麻是中国特有的以纺织为主要用途的农作物，其单纤维长，强度大，吸湿和散湿快，热传导性能好，脱胶后洁白有丝光，可以纯纺，也可和棉、丝、毛、化纤等混纺。我国的苎麻产量约占全世界苎麻产量的90%以上，在国际上称为“中国草”。

• 苎麻

36. 糯米藤（糯米草、米浆藤、生扯拢、蔓苎麻、九股牛）

为荨麻科植物糯米团*Gonostegia hirta*（Bl.）Miq.的带根全草。

草本。茎基部伏卧。叶披针形或卵心形，上面稍粗糙。花小，雌雄同株，簇生叶腋，淡绿色；花被片5枚；雌花花被结合成筒形。瘦果具纵肋。生于溪谷、林下、水沟边。分布于陕西、江苏、安徽、浙江、福建、河南、湖南、广东、广西、四川、贵州、云南、西藏等省区。

用于乳腺炎、肝炎、肿毒、痢疾、脾胃虚弱、食积腹痛、疳积、带下、水肿、小便不利、痛经、跌打损伤、蛇咬伤、咳血、吐血、外伤出血。内服：10～30 g，鲜品加倍。外用适量。

1. 下肢慢性溃疡：糯米藤、蛇莓、桉树叶各适量。捣烂，敷患处。

2. 血管神经性水肿：糯米藤鲜根适量。加食盐捣烂，外敷患处，4～6小时换药1次。

37. 透茎冷水花

（肥肉草、冰糖草）

为荨麻科植物透茎冷水花*Pilea mongolica* Wedd.的全草或根茎。

草本。茎肉质，有时透明状。叶菱状卵形或宽卵形，有线状钟乳体，边缘有粗齿。雌雄同株；聚伞花序蝎尾状或簇生；雄花花被片2枚；雌花被

• 糯米团（上图） • 透茎冷水花（下图）

片3枚。瘦果褐色。生于山坡、林下或沟谷旁阴湿处。我国除黑龙江、青海、新疆、台湾、海南、西藏外，大部分地区有分布。

用于尿路感染、急性肾炎、子宫内膜炎、子宫脱垂、赤白带下、跌打损伤、痈肿初起、虫蛇咬伤。内服：15～30 g。外用适量。

38. 桑寄生（寄生、树寄生、寄生泡）

●四川桑寄生（上图） ●四川桑寄生花（下图）

为桑寄生科植物四川桑寄生*Taxillus sutchuenensis*（Lecomte）Danser的枝叶。

灌木，被短星状毛。叶卵形至长卵形。总状花序；花冠管状，红色，4裂；花丝比花药短2/3。浆果近球形，果皮密生小瘤体，被疏毛。生于林中，常寄生。分布于云南、广西、广东、四川等省区。

含槲皮素、槲皮甙、萹蓄甙、金丝桃甙、儿茶酚、磷脂酰胆碱、磷脂酰乙醇胺、磷脂酸。

有降压、增加冠脉流量、减慢心率、利尿、抗微生物、抗炎、降脂作用。可抑制乙型肝炎病毒表面抗原（HBsAg）及中枢神经系统。对未孕子宫在高浓度下有短暂收缩作用。

用于冠心病、心绞痛、早搏、腰膝酸痛、筋骨痠弱、肢体偏瘫、风湿痹痛、头昏目眩、胎动不安、崩漏下血。内服：10～15 g。外用适量。

高血压：桑寄生60 g，夏枯草30 g，豨莶草15 g，牛膝15 g。水煎服。

近年研究发现桑寄生提取物对动物呈现显著的抑食减重作用。

39. 苦荞头（荞叶七、荞麦七）

为蓼科植物苦荞麦*Fagopyrum tataricum*（L.）Gaertn.的根及根状茎。

草本，高50～90 cm。托叶鞘膜质，黄褐色；叶片宽三角形，基部心形。总状花序；花梗细长；花排列稀疏，白色或淡红色；花被5深裂，裂片椭圆形，长约2 mm；雄蕊8枚，短于花被；花柱3枚。瘦果锥状卵形，有三棱，黑褐色。花、果期6—9月。

• 苦荞麦

生于湿润的沟谷、村边、草地。分布于东北、西北、西南地区。

全草含硝酸盐还原酶、芸香甙。叶含槲皮素甙。种子含蛋白质、氨基酸、脂肪、槲皮素、山柰酚、芸香甙等。根状茎含淀粉、类黄酮、维生素、纤维素、微量元素和矿物质等。

有抗乙肝表面抗原、抗癌、增强人体免疫力、降血压、降血糖、降血脂作用。

用于胃脘胀痛、消化不良、痢疾、腰腿痛、跌打损伤、痈肿恶疮、狂犬咬伤。内服：10～15 g。外用适量。不宜多食。脾胃虚弱者慎服。

1.胃痛：苦荞头10～15 g。水煎服。

2.消化不良：苦荞头6～9 g，胡桃仁适量。同嚼服。

40. 何首乌（首乌、蛇疙瘩、秤砣茗、野茗）

为蓼科植物何首乌*Fallopia multiflora*（Thunb.）Harald.的块根。相传古时何某，采食而乌须发，因名。

缠绕藤本。根末端呈肥大的块根状，外表红褐色至暗褐色。叶狭卵形或心形。圆锥花序；花梗具节；花小，绿白色，5裂，裂片大小不等，外面3片背部有翅。瘦果有3棱，黑色，宿存花被具3翅。生于草坡、路边、山坡、石隙及灌木丛中。分布于华东、中南地区及河北、山西、陕西、甘肃、台湾、四川、贵州、云南等省。

含蒽醌类、黄酮类、酰胺类、葡萄糖甙类、β－谷甾醇、胡萝卜甙、没食子酸、微量元素、卵磷酸、粗脂肪、淀粉（约45.15%）、鞣质等。

• 何首乌

有降血脂、抗动脉粥样硬化、增强免疫、促进造血细胞生长、抗衰老、增强心肌收缩力、减慢心率、增加冠脉流量、扩张外周血管、保肝、抗菌、缓泻、抗炎、镇痛作用。

用于血虚头昏、心悸、失眠、肝肾阴虚、须发早白、耳鸣、遗精、肥胖、肠燥便秘、疟疾、疥癣、风疹、疮疡、泻血。内服：10～20 g。外用适量。大便溏泄者不宜服用。忌铁器。

1.疟疾：何首乌20 g，甘草2 g。水煎2小时，饭前服。

2.泻血：何首乌100 g。研末，饭前以温粥调饮调3 g。

养血滋阴、补肝肾，宜用制何首乌；润肠通便、祛风、截疟、解毒，宜用生何首乌。近年来，以何首乌为主要原料生产的中成药、保健品、化妆品、药膳逐年看好，品种繁多。何首乌块根含有丰富的淀粉，可用于制作淀粉或酿酒。

41. 酸浆菜（鹿蹄叶）

为蓼科植物山蓼*Oxyria digyna*（L.）Hill的全草。

草本。叶肾形或近圆形，基部宽心形；茎上的叶通常退化，仅存膜质托叶鞘。花序圆锥状，花梗中下部有关节；花2～6朵簇生于一膜质苞内，淡绿色；花被4片，2轮。瘦果扁平，边缘有膜质淡红色翅，先端凹陷。生于高山坡、草地或山谷。分布于吉林、陕西、青海、新疆、四川、云南、西藏等省区。

• 山蓼

地上部分含大量咖啡酸、维生素C、绿原酸、胡萝卜素。根茎含鞣质。

用于肝气不舒、肝炎、坏血病。内服：10～15 g。

42. 火炭母（黄鳝藤、晕药、白饭草、花脸晕药、野辣蓼）

为蓼科植物火炭母*Polygonum chinense* L.的地上部分及根。

草本。叶柄基部两侧常各有一耳垂形的小裂片；托叶鞘斜截形；叶卵形或长圆状卵形，下面有褐色小点。头状花序排成伞房状或圆锥状；花白色或淡红色；花被5裂，裂片果时增大。瘦果卵形，有3棱，黑色，光亮。生于山谷、水边、湿地。分布于华中、华南、西南地区及浙江、福建、台湾等省。

• 火炭母

叶含β-谷甾醇、山柰酚、槲皮素、没食子酸类、甙类。根含L-肌醇、糖类、脂肪酸。

有抗菌、抗乙型肝炎病毒、降压、中枢抑制作用。

地上部分用于痢疾、急性肠炎、咽喉肿痛、白喉、肺热咳嗽、百日咳、肝炎、带下、痈肿、中耳炎、湿疹、高血压、结膜炎、角膜云翳、跌打损伤。内服：9～15 g。外用适量。根用于体虚乏力、耳鸣耳聋、头目眩晕、白带、乳痈、肺痈、跌打损伤。

1.痢疾：火炭母、海金沙藤各适量。捣烂取汁，冲沸水，加糖少许服。

2.痈肿：火炭母叶适量。捣烂，以盐酒炒，敷肿处。

43. 杠板归（猫爪刺、蛇倒退、南蛇风、犁头刺）

为蓼科植物杠板归*Polygonum perfoliatum* L.的全草。

• 杠板归

蔓生草本。茎棱及下面叶脉有倒钩刺。叶柄盾状着生；托叶鞘叶状，圆形或卵形，抱茎；叶近三角形。短穗状花序；花小，花被白色或淡红色，5裂，裂片果时增大，肉质变为深蓝色。瘦果球形。生于沟边及村庄附近。分布于全国各地。

全草含山柰酚、有机酸、植物甾醇、靛甙、鞣质。根和根状茎含靛甙、大黄素、大黄酚。根皮含鞣质约33%。

有抗菌、抗病毒、抗诱变、抗肿瘤、止血、止咳、解痉、降血压、利尿作用。

用于各种炎症、湿疹、急性肾炎、痔瘘术后感染和出血、感冒发热、肺热咳嗽、百日咳、颈淋巴结结核、泻痢、黄疸、肝硬化腹水、淋浊、带下、疟疾、跌打肿痛、吐血、便血、蛇虫咬伤。内服：10～15 g。外用适量。体虚者及孕妇慎服。

1.带状疱疹：鲜杠板归叶适量。捣烂绞汁，调雄黄末，涂患处。

2.慢性湿疹：鲜杠板归120 g。水煎，外洗。

3.蛇咬伤：杠板归适量。捣汁，酒调服；渣搽伤处。

茎叶可煎水作农药，防治蔬菜害虫效果良好。根皮可提栲胶。叶可制取靛蓝，用于印染、墨水、油漆、靛蓝衍生物的制造。

44. 虎杖（酸筒杆、阴阳莲、土地榆）

为蓼科植物虎杖*Reynoutria japonica* Houtt.的根状茎及根。

灌木状草本。根状茎木质，黄褐色。茎中空，散生紫红色斑点。叶宽卵形或卵状椭圆形。雌雄异株，成腋生的圆锥花序；花梗中部有关节，上部有翅；花被5深裂，2轮，外轮3片在果时增大，背部生翅。瘦果有3棱，黑褐色。生于溪边、山坡、路旁、田边湿地。分布于华东、中南、西南地区及河北、陕西、甘肃等省。

含蒽醌类、二苯乙烯类、白藜芦醇、黄酮类、萘醌、萘甙、香豆素、多糖、氨基酸、硬脂酸、花生油等。

• 虎杖

有增强心肌营养血流量、降血脂、减少动脉硬化指数、降血液黏稠度、降压、扩张细动脉、增加心搏量、增加脉压差、抗休克、利尿、解热镇痛、调节肾功能、延长睡眠、收敛、消炎、镇咳、平喘、抗菌、抗肿瘤、抗病毒、抗氧化作用。20%虎杖液对乙型肝炎表面抗原（HBsAg）有明显抑制作用。

用于肝炎、耳鸣、风湿性关节炎、肿疮、毒蛇咬伤、妇女经闭、痛经、产后恶露不下、胃癌、跌打损伤、淋浊带下、疮疡肿毒、毒蛇咬伤、烫伤。内服：10～15 g。有小毒。孕妇慎服。

1.肝炎：虎杖、金钱草、板蓝根各30 g。水煎服。

2.痔疮出血：虎杖、银花、槐花各9 g。水煎服。

虎杖在防止动脉内皮损伤性血栓形成、改善休克微循环、提高休克大鼠存活率、减轻缺血再灌注、减轻自由基、内毒素等造成的组织器官损伤、抗脂质过氧化等方面有较好的作用，提示其可开发成治疗血栓性疾病及改善微循环休克等方面的新药。根状茎和叶有清凉美容作用，能促进血液循环及消除毒素和促进组织再生。根可提取黄色染料，嫩茎可作蔬菜。根作冷饮料代茶饮，清凉解暑。

唐古特大黄

45. 大黄（大黄、川军）

为蓼科植物唐古特大黄*Rheum tanguticum* Maxim. *ex* Balf.的根茎。

草本。茎中空。基生叶大，宽心形或近圆形，3～7掌状深裂，裂片常再二回深裂，小裂片窄长；茎生叶较小；托叶鞘筒状。花序大圆锥状，顶生，分枝紧密，直立贴于茎；花梗有关节。花小，紫红色；花被片6枚，2轮。瘦果顶端圆或微凹。生于高山灌丛中或山地，亦有栽培。分布于甘肃、青海、四川、云南、西藏等省区。

含游离蒽醌类、大黄酸、大黄素、大黄素甲醚、大黄酚等，结合蒽醌类、双蒽醌类、鞣质、多糖、挥发油等。

有泻下、增加胆汁分泌、保肝、抑

制肝纤维化、抗溃疡、抗菌、抗真菌、抗病毒、抗肿瘤、抗炎、解热镇痛、降血压、改善微循环、凝血、降脂、利尿、改善尿毒症症状、降血糖、提高血清胰岛素水平、加速胰腺组织的再生和修复、抗衰老、黏膜屏障保护、牙周组织再生修复作用。

根用于实积便秘、热结胸痞、发烧、黄疸、淋病、水肿腹满、小便不利、目赤、咽喉肿痛、口舌生疮、胃热呕吐、出血、经闭、产后淤滞腹痛、症瘕积聚、跌打损伤、热毒痈肿、溃疡、烫伤。内服：3～12 g。泻下通便，宜后下，不可久煎。研末，0.5～2.0 g。外用适量。脾胃虚寒、血虚气弱者，妇女胎前、产后、月经期及哺乳期均慎服。茎或嫩苗用于实热便秘。

我国特产药材。叶柄可食用，并有温和的通便作用。根状茎加入补酒中可增进食欲并帮助消化，亦可除锈、除锅垢，提取黄色染料。

46. 牛耳大黄（火风棠、土大黄、四季菜根）

为蓼科植物皱叶酸模*Rumex crispus* L.的根。

草本。根肥厚，黄色，有酸味。叶卵状长圆形。花多数聚生于叶腋，或形

• 皱叶酸模

成短的总状花序，合成一狭长的圆锥花序；花被片6枚，2轮，果时增大的内花被边缘具7～10对针刺，针刺顶端呈钩状弯曲。瘦果三棱形。生于沟谷、河岸及湿地。分布于西南地区及陕西、甘肃、青海、江苏、江西、湖北、湖南、西藏等省区。

含结合和游离的大黄素、大黄素甲醚、酸模素和鞣质等。

有抗菌、止咳、祛痰、平喘、抗肿瘤、泻下、杀灭皮肤寄生虫、抑制血小板聚集作用。

用于急、慢性肝炎、肠炎、痢疾、慢性气管炎、吐血、衄血、便血、崩漏、热结便秘、痈疽肿毒、疥癣、秃疮。内服：10～15 g。外用适量。脾胃虚寒、食少便溏者禁服。

干咳无痰、头晕：牛耳大黄根180 g，水猪毛七60 g，淡竹叶60 g。煎水分3次服。

酸模属植物多数可入药，资源丰富。所含刺激性物质rumicin可作为发赤剂、消散剂，并能杀灭皮肤寄生虫。酸模属植物多含有大黄素、大黄酚等化学成分，可作为化学提取物的原料。此外，还可作动物饲料。

47. 羊蹄（败毒菜根、羊蹄大黄、土大黄、牛蹄、癣药、牛大黄）

• 羊蹄

为蓼科植物羊蹄*Rumex japonicus* Houtt.的根、果实及叶。

草本。根粗大，断面黄色。叶长圆形至长圆状披针形，边缘微波状皱褶。总状花序；花被片6枚，2轮，淡绿色，内轮3片成果被，广卵形，有明显网纹，背面各具一卵形疣状突起，边缘具不整齐的微齿。瘦果有3锐棱，顶端尖，黑褐色，光亮。生于山野、路旁、湿地。分布我国东北、华北、华东、中南各地区。

根含大黄素、大黄素甲醚、大黄酚、酸模素。叶含槲皮甙。

根有抑菌、抗组胺、抗胆碱作用。水提取物能使离体兔心收缩力减弱，心率减慢，冠脉血流量减少。羊蹄含草酸，大剂量应用时有毒。

用于大便秘结、吐血、衄血、肠风便血、肝炎、痔血、崩漏、紫癜风、疥癣、白秃、皮肤痒疹、痈疮肿毒、跌打损伤。内服：9～15 g。外用适量。脾胃虚寒者禁服。果实用于痢疾、崩漏、便秘。叶可止渴、退烧、利尿；外敷用于痤疮、口腔溃疡、疥癣、疮肿及伤口感染。根有通便作用。

1.大便干燥：羊蹄50 g。水煎，温服。

2.秃疮、头风白屑：羊蹄茎叶适量，食盐少许。捣烂，外敷。

酸模素可作为抗氧化剂添加于食物及化妆品中。叶可作沙拉、汤、酱汁、蛋饼、鱼和禽肉的调味品。叶用水淘洗后可食用。叶的汁液可清洗锈污、霉迹及墨染。

48. 牛膝（怀牛膝、牛克膝）

为苋科植物牛膝*Achyranthes bidentata* Bl.的根。出自《神农本草经》。陶弘景："牛膝，今出近道，蔡州者最良。大柔润，其茎有节似牛膝，故以为名也。"

草本。根直径5～10 mm，土黄色。茎节膨大。叶椭圆形或椭圆状披针形，两面被柔毛。穗状花序；花小，密生；小苞片刺状，基部两侧各有一卵形膜质小裂片；花被片5枚，光亮。胞果长圆形。生于屋旁、林缘、山坡、草丛中。分布于全国大部分地区。

含三萜皂甙、多糖类、挥发油、甾酮、多种氨基酸、生物碱及香豆精类化合物。

有消炎镇痛、心脏抑制、血管扩张、短暂降压、降低全血黏度、降红细胞压积、降红细胞

● 牛膝

聚集指数、抗凝血、子宫兴奋、抗生育、蛋白质同化、降血糖、降脂、免疫增强、抗衰老、神经系统肿瘤的防治作用。以牛膝煎液给小鼠连续灌服7日，可明显改善戊巴比妥钠所致的记忆障碍。

用于腰膝酸痛、下肢痿软、血滞经闭、痛经、产后血淤腹痛、癥瘕、胞衣不下、热淋、跌打损伤、痈肿恶疮、咽喉肿痛。内服：6～12 g。中气下陷、脾虚泄泻、梦遗失精、月经过多者及孕妇忌服。

1.高血压：牛膝、生地各15 g，白芍、茺蔚子、菊花各9 g。水煎服。

2.身体虚弱：牛膝、熟地各100 g。研末，炼蜜为丸。每次服9 g，一日3次。

49. 鸡冠花（鸡公花、鸡关头、红鸡冠花）

为苋科植物鸡冠花*Celosia cristata* L.的花序。

草本。茎近上部扁平，有棱纹凸起。叶长椭圆形至卵状披针形。穗状花序成扁平肉质鸡冠状、卷冠状或羽毛状，中部以下多花；苞片、小苞片和花被片干膜质，宿存；花被片5枚，淡红、紫红、黄白或黄色；端尖；雄蕊5枚，花丝下部合生成杯状。胞果熟时盖裂，包于宿存花被内。种子肾形，黑色，光泽。各地有栽培。

花含山柰甙、苋菜红甙、黄酮类、油脂、松醇及多量硝酸钾。黄色花序中含微量花菜红甙。

• 鸡冠花

有引产、抗滴虫、降脂、止血作用。鸡冠花提取物对氟中毒的大鼠有改善作用。

用于出血证、带下、泄泻、尿路感染、痢疾。内服：9～15 g。外用适量。

1.风疹：白鸡冠花、向日葵各9 g，冰糖30 g。开水炖服。

2.尿路感染：鸡冠花、萹蓄各15 g，鸭跖草30 g。水煎服。

3.痢疾：鸡冠花10 g，白芍8 g，吴茱萸6 g，黄连5 g，诃子3 g。水煎服。

鸡冠花除药用外，可提取色素，还是一种优质的鸡饲料。鸡冠花种子蛋白质的营养价值高于一般豆类、薯类和粮谷类食物，是一种优良的植物蛋白资源。花序作为一种美食，营养全面，风味独特。也可泡茶喝。

50. 千日红（千年红、长生花、蜻蜓红、球形鸡冠花）

为苋科植物千日红*Gomphrena globosa* L.的花序或全草。

草本。全株密被白毛。茎节部膨大。叶长圆形至椭圆形，两面有小斑点。头状花序球形或长圆形，紫红色、粉红、金黄、橙黄、白色；总苞2枚，叶状；小苞片2枚，紫红色，背棱有明显细锯齿；花被片5枚，披针形。胞果近球形。种子肾形，棕色，光亮。全国大部分地区均有栽培。

• 千日红

全草含甙类。叶含千日红醇。花含千日红甙、异千日红甙、苋菜红甙和甜菜甙。

有祛痰、平喘作用。

用于咳嗽、哮喘、百日咳、咯血、小儿夜啼、目赤肿痛、肝热头晕、头痛、痢疾、小便不利、疮疖。内服：花3～9 g，全草15～30 g。外用适量。

慢性支气管炎：千日红花（白色）20朵，枇杷叶5片，杜衡根0.9 g。水煎，加冰糖适量冲服。

为花坛、花境材料。可作切花和“干花”用。

51. 叶子花（紫三角、紫罗兰、三角花）

为紫茉莉科植物光叶子花*Bougainvillea glabra* Choisy的花。

攀援灌木。枝常下垂，有腋生直刺。叶卵形至卵状披针形，背面初时有短柔毛。花通常3朵簇生在苞片内，花梗与苞片中脉合生；苞片3枚，叶状，暗红色或紫色，长圆形或椭圆形；花被筒淡绿色，有短柔毛，5浅裂。瘦果有棱。南方各地常栽培。

花含长链饱和脂、芸香甙、甜菜花青素。叶含抗毒素蛋白质BAP。

有抑制TMV病毒、降血糖、抑制血小板聚集、抗微生物作用。

用于血淤经闭、月经不调、赤白带下。内服：9～15 g。

观赏价值很高。宜庭园种植或盆栽观赏，还可作绿篱。

• 光叶子花

52. 紫茉莉根

（粉子头、胭脂花头、粉团花、野茉莉、状元花、水粉花）

为紫茉莉科植物紫茉莉*Mirabilis jalapa* L.的根、叶、果实及花。

• 紫茉莉

草本。根肉质，表面棕褐色，里面白色，粉质。茎节膨大。叶片卵形或卵状三角形。聚伞花序；花红色、粉红色、白色或黄色；花被筒上部喇叭形，5浅裂；雄蕊5枚，花柱细长。瘦果近球形，熟时黑色，有细棱。生于沟边、墙脚或庭园中。分布于全国各地。

根含树脂、蛋白质、豆甾醇和β-谷甾醇。叶含直链烷烃、酮、醇、甾体化合物、脂肪酸及各种游离氨基酸。种子含淀粉、脂肪酸、β-谷甾醇等。

根对皮肤黏膜有刺激作用，亦有升血压、抑菌、抗病毒、通便、利尿、堕胎、促进血液循环、抗肿瘤作用。叶或全草有升血压、抗菌、利尿、致泻作用。种子有抗菌、抗炎、避孕作用。

用于尿路感染、闭尿、阴虚盗汗、尿血、糖尿病、疥疮、湿疹、水肿、赤白带下、关节肿痛、痈疮肿毒、乳腺炎、扁桃腺炎、跌打损伤。内服：15～30 g；鲜品30～60 g。外用适量。脾胃虚寒者慎服，孕妇禁服。紫茉莉叶主治痈肿疮毒、疥癣、跌打损伤。果实主治面生斑痣、脓疱疮。花主治咯血。

1.尿路感染：紫茉莉根30 g，三白草根15 g，木槿花15 g，海金沙藤30 g。水煎服。

2.黄水疮：紫茉莉果实内粉末适量。调冷水涂抹。

紫茉莉近傍晚开花，早晨闭合，因此，某些欧洲国家将它称为“四点钟”。尼泊尔人食用其叶片。日本人将其种子粉末用于化妆品中。根被认为可催情。花在晚上吐出浓郁的香气，可麻醉及驱除蚊虫。花可用于提制食用色素。

● 美洲商陆花（左图） ● 美洲商陆果（右图）

53. 商陆（牛萝卜、春牛头、白商陆）

为商陆科植物商陆*Phytolacca acinosa* Roxb.的根、花及叶。

草本。根粗壮，圆锥形，肉质，外皮淡黄色。叶卵状椭圆形或椭圆形。总状花序直立；花小，花被片5枚，初白色后渐变淡红色。浆果扁圆状，熟时深红紫色或黑色。生于路旁、疏林中。分布全国大部分地区。

含商陆甙、商陆酸、美商陆酸、甾醇、脂溶性成分、氨基酸、多糖、硝酸钾、组织胺、商陆碱、α-菠菜甾醇及微量元素锰等。

有促进T细胞和B细胞有丝分裂、增强免疫、刺激淋巴、抗肿瘤、抗炎、利尿、祛痰、镇咳、抗菌、抗病毒、短暂降血压、抑制中枢神经系统、心脏抑制、凝集红细胞和白细胞、抗辐射、杀灭钉螺、降转氨酶（ALT）、抗胃溃疡、抗肾炎作用。

用于慢性支气管炎、消化道出血、胃溃疡、水肿、原发性血小板减少性紫癜、扁桃体炎、腮腺炎、淋巴肿大、乳腺炎、风湿痛、肾结石、银屑病、二便不通、瘕、瘰疬、疮毒。内服：3～10 g。外用适量。有毒。过量服用可引起呕吐、腹泻，甚至死亡。体虚水肿者、孕妇禁服。对胃肠道有刺激作用，故宜饭后服。商陆内服宜醋制；外用宜生用。花用于痰湿、健忘、嗜睡、耳目不聪。叶用于痈肿疮毒。

消化性溃疡：商陆粉10 g，血余炭10 g，鲜鸡蛋1个。搅拌均匀，茶油煎熟内服。

同属植物垂序商陆（美洲商陆）*P. americana* L.的根、花及叶功效同商陆。两者均为《中华人民共和国药典》品种。

民间认为，商陆久炖有补益作用。最新研究表明，商陆对急性肝损伤有保护作用，能延长果蝇的寿命。

54. 午时花（打不死、半支莲、松叶牡丹、万年草、太阳花）

为马齿苋科植物大花马齿苋*Portulaca grandiflora* Hook.的全草。

肉质草本。叶近圆柱形；叶腋丛生白色长柔毛。花基部有8～9片轮生的叶状苞片；花瓣5或重瓣，倒心形，有黄、红、白、淡紫、黄色红心、橙、粉红等多种颜色。蒴果盖裂。种子细小，肾状圆锥形。通常在中午阳光强烈时开放，光弱时闭合。全国各地栽培。

含马齿苋醛、马齿苋醇、马齿苋酸、马齿苋内酯、大花马齿苋酮、大花马齿苋醇、大花马齿苋烯、苋菜红甙、梨果仙人掌黄质、甜菜素、甜菜甙等。

用于咽喉肿痛、疮疖、湿疹、跌打肿痛、烫火伤、外伤出血。内服：9～15 g。外用适量。孕妇禁服。

咽喉肿痛：午时花适量。捣烂，绞汁一杯，加硼砂末含漱。

本品茎叶肉质光洁，花色丰艳，花期长，供观赏。全草可提取黑色染料。野生原种嫩茎叶可食用。

•大花马齿苋

• 马齿苋

55. 马齿苋

为马齿苋科植物马齿苋*Portulaca oleracea* L.的全草。

草本，肥厚多汁。叶倒卵形、长圆形或匙形，下面暗红色。花簇生；花瓣5片，淡黄色，倒卵形，基部与萼片同生于子房上。蒴果短圆锥形，盖裂。种子黑色。生于路旁、荒地或石上。全国各地广为分布。

含三萜类、多种有机酸的钾、钙盐、黄酮类、ω-3-聚不饱和脂肪酸、胡萝卜素、维生素E和C、铁等。

有抗菌、收缩主动脉、减弱心肌收缩力、一过性降血压、降血脂、抗动脉粥样硬化、抗衰老、增强免疫力、收缩子宫、抗氧化、抗肿瘤、肌肉松弛作用。马齿苋提取物能延长四氧嘧啶糖尿病大鼠和家兔的生命，但不影响血糖的水平。

用于细菌性痢疾、尿道感染、发烧、钩虫病、淋病、慢性溃疡性结肠炎、直肠炎、肛门病、泌尿系结石、膀胱炎、急性乳腺炎、急性阑尾炎、小儿腹泻、小儿菌痢、小儿百日咳、化脓性皮肤病、带状疱疹、扁平疣、荨麻疹、白癜风。内服：10～15 g。外用适量。脾虚便溏者及孕妇禁服。种子用于青盲、目翳、泪囊炎、呼吸障碍。汁液对皮肤病有效。

1.菌痢：鲜马齿苋一把。洗净捣绞汁服或水煎服。

2.尿血、便血：鲜马齿苋汁、藕汁等量。每次约60 g，米汤和服。

马齿苋含有多种营养成分，如Ca，Mg，Fe，Zn，比猪肝还高，并富含ω-脂肪酸，可药食两用。此外，马齿苋作美容品，用于治疗少年白发症、肥胖、面部雀斑。脆爽清凉的叶和茎可混入较热性的沙拉药草。种子磨成粉可加入面粉中。

56. 藤三七（藤子三七、小年药、土三七）

为落葵科植物落葵薯*Anredera cordifolia* (Tenore) van Steen藤上的干燥瘤块状珠芽及花。

缠绕藤本。基部簇生肉质根茎，常隆起裸露地面。有腋生大小不等的肉质珠芽，形状不一，单个或成簇。叶肉质，心形、宽卵形至卵圆形。总状花序；花被片白色；雄蕊比花被长。花通常不孕。我国东部和南方等地栽培。

地下部分含拉里亚甙元（larreagenin）等。叶含葡聚糖、黏多糖、β-胡萝卜素、有机酸、皂苷、铁等。

有抗脂质过氧化作用。

用于腰膝痹痛、病后体弱、跌打损伤、骨折。内服：30～60 g。外用适量。花汁治乳头破裂。

跌打损伤：鲜藤三七适量。捣烂，敷患处。

嫩叶、根状茎及肉质芽可食。

• 落葵薯

57. 落葵（藤儿菜、滑藤、软藤菜、木耳菜、篱笆菜、软姜芽）

为落葵科植物落葵*Basella alba* L.的全草。

缠绕草本，肉质。叶宽卵形至长椭圆形。穗状花序；花无梗；萼片5片，淡紫色或淡红色，下部白色；无花瓣；雄蕊5枚；花柱3枚，基部合生。果实卵球形，暗紫色，多汁，为宿存肉质小苞片和萼片所包裹。种子近球形。我国长江流域以南各地有栽培。

叶含多糖、胡萝卜素、有机酸、维生素、氨基酸、蛋白质等。

有解热、抗炎、利尿、通便、降胆固醇、抗病毒作用。

用于大便秘结、小便短涩、痢疾、咳嗽、疔疮、热毒疮疡、跌打损伤、外伤出血。内服：10～15 g。外用适量。脾胃虚寒者慎服。花用于痘疹、乳头破裂。

1.大便秘结：鲜落葵叶适量。煮作副食。

2.咳嗽：落葵30 g，桑叶15 g，薄荷3 g。水煎服。

落葵果实润泽肌肤，美容：外用适量研末，和白蜜，作面膜调敷。嫩茎叶作蔬菜食用。适用于庭院、阳台和小型篱栅装饰美化。

● 落葵

58. 石竹（竹节草、剪刀花、洛阳花、龙须）

为石竹科植物石竹*Dianthus chinensis* L.的地上部分。

草本。茎簇生。叶条形、披针形或舌形，基部抱茎。花瓣5片，鲜红色、白色或粉红色，倒卵形，边缘有不整齐的浅齿裂，喉部有深色彩斑纹和疏生须毛，基部具长爪；雄蕊10枚；花柱2枚，丝形。蒴果矩圆形；种子灰黑色，边缘有狭翅。生于山坡、田边、路旁。全国各省区多栽培。

• 石竹

带花全草含花色甙、黄酮类化合物、三萜皂甙（石竹皂甙A，B）。花含丁香油酚、苯乙醇、水杨酸甲酯等。

有利尿、兴奋子宫平滑肌、抑制心脏作用。

用于小便不通、热淋、血淋、闭经、目赤肿痛、痈肿疮毒、湿疮瘙痒。内服：3～10 g；外用适量。

血淋：鲜石竹30 g，仙鹤草15 g，炒栀子9 g，甘草梢6 g。水煎服。

园林中可用于花坛、花境、花台或盆栽，也可用于岩石园和草坪边缘点缀。大面积成片栽植时可作景观地被材料。石竹可吸收二氧化硫和氯气，净化环境。嫩苗水淘炸熟后，可食。

59. 剪夏罗（剪红罗、剪春罗、碎剪罗、剪金花）

为石竹科植物剪夏罗*Lychnis coronata* Thunb.的根状茎及全草。

草本。根茎横生，竹节状；茎节略膨大。叶卵状椭圆形，边缘有浅细锯齿。聚伞花序；花萼长筒形；花瓣5枚，橙红色，不规则浅裂，呈锯齿状，基部狭窄成爪，瓣片与爪之间有鳞片2片。蒴果具宿存萼。生于山坡疏林内、草丛中。分布于我国中部及浙江、江西、贵州等地。

全草含2–甲基丁胺。叶含菧立醇、异金雀花素及阿魏酰葡萄糖。

用于感冒发热、缠腰火丹、风湿痹痛、泄泻。内服：根及根状茎9～15 g，全草15～30 g。外用适量。

1.缠腰火丹：剪夏罗根适量。研末，柏子油调匀，涂患处。

2.关节炎：剪夏罗根及根状茎15 g。水煎，冲黄酒服。

观花地被植物，也可布置花坛、盆栽或作切花用。

• 剪夏罗

60. 鹅肠菜（抽筋草、伸筋藤、鹅儿肠、鸡娘草）

为石竹科植物牛繁缕*Myosoton aquaticum* Moench.的全草。

草本。茎节膨大。叶卵形或卵状心形。二歧聚伞花序；花瓣5，白色，2深裂至基部；雄蕊10枚；花柱5枚。蒴果5瓣裂，每瓣顶端再2裂。种子有瘤状突起。生于山野阴湿处或路旁。分布于全国各地。

用于肺热喘咳、痢疾、痈疽、痔疮、牙痛、月经不调、小儿疳积。内服：15～30 g；或鲜品60 g。外用适量。新鲜苗捣汁服，有催乳作用。

1.痢疾：鲜鹅肠菜30 g。水煎，加糖服。

2.牙痛：鲜鹅肠菜适量。捣烂，加盐少许，咬于痛牙处。

3.高血压：鹅肠15 g。煮鲜豆腐吃。

全草可做野菜和饲料。

● 牛繁缕

61. 莲子（莲实、藕实、莲肉）

为睡莲科植物莲*Nelumbo nucifera* Gaertn.的成熟种子。

• 莲

水生草本。根茎横生，肥厚，节间膨大，内有多数纵行通气孔洞，外生须状不定根。节上生叶；叶柄着生于叶背中央，多刺；叶圆形，露出水面，下面叶脉从中央射出，有1～2次叉状分枝。花单朵顶生，芳香，红色、粉红色或白色；雄蕊、心皮多数；心皮埋于膨大的花托内，子房椭圆形。花后结倒锥形“莲蓬”，有小孔，每孔内含果实1枚；坚果椭圆形或卵形。种子卵形或椭圆形，种皮红色或白色。生于水泽、池塘、湖沼或水田中。全国各地多栽培。

含淀粉、棉子糖、蛋白质、脂肪、钙、磷、铁等。

有增强免疫力、抗肿瘤、强心、抗衰老的作用。花、花丝和花柄中的汁液有收敛和强心作用。

用于脾虚久泻、久痢、肾虚遗精、滑泻、小便不禁、妇女崩漏带下、心神不宁、惊悸、失眠。内服：6～15 g。中满痞胀、大便燥结者禁服。

久痢：鲜莲子50 g，黄连15 g，人参15 g。水煎浓汁，慢咽服。

莲的叶柄、叶片（荷叶）、根状茎、花瓣、胚中幼叶（莲心）、花托（莲蓬）、雄蕊（莲须）均可食并药用。根状茎（藕）据称亦能延迟衰老，其清凉的汁液饮用后可治疗痤疮和湿疹。根煮粥可治恶心。叶片用于中暑及退烧，可作减肥食品。国家二级保护植物。

62. 睡莲（瑞莲、子午莲、茈碧花）

为睡莲科植物睡莲*Nymphaea tetragona* Georgi的花。

水生草本。根状茎短粗，具线状黑毛。叶丛生，浮于水面，卵形或卵状椭圆形，基部深弯呈耳状裂片，上面绿色，光亮，下面带红色或暗紫色，两面具小点。花浮出水面；萼基四棱形，宿存；花瓣白色，宽披针形或倒卵形，多层；雄蕊多数，短于花瓣。浆果球形，包于宿萼中，松软。种子椭圆形，黑色。生水泽、池塘、湖沼或水田中。我国各地多栽培。

用于中暑、醉酒烦渴、小儿惊风。内服：6～9 g。

小儿急慢惊风：睡莲7～14朵。水煎服。

水生观赏植物。

● 睡莲

63. 川乌（乌头、川乌头）

为毛茛科植物乌头*Aconitum carmichaeli* Debx.（栽培品）的母根。

乌头

草本。块根倒圆锥形，有数个子根，外皮黑褐色。叶五角心形，3深裂；中央全裂片宽菱形或菱形，近羽状分裂；侧全裂片不等2深裂，各裂片边缘有粗齿或缺刻。总状花序；花两侧对称；萼片5片，花瓣状，上萼片盔形，下缘稍凹，喙不明显，侧萼片蓝紫色；花瓣2片，较小，具唇和距，距通常拳卷；雄蕊多数；心皮3～5枚。蓇葖果。种子三棱形。生于山谷、林下、林缘、灌木丛中。全国大部分地区有栽培。

含乌头碱、次乌头碱、中乌头碱、塔拉胺等多种生物碱及尿嘧啶、乌头多糖等。

有强心（但剂量加大则引起心律失常，终致心脏抑制）、清除氧自由基、免疫双向调节、抗炎、镇痛、降血糖、抗癌、降压、局部麻醉作用。乌头碱人口服致死量为2～5 mg。

川乌用于风湿性关节炎、类风湿性关节炎、大骨节病、半身不遂、手足拘挛、坐骨神经痛、跌打肿痛、胃腹冷病。内服：1.5～6g（久煎）；外用适量。反半夏、贝母、瓜蒌、天花粉、白及、白蔹。孕妇忌服。

乌头(栽培品)侧根称“附子”，加工品为中药“附片”。生川乌与生附片均大毒，已列入国家规定的毒性中药管理品种，使用应凭医生签名的正式处方。炮制品内服也要先煎、久煎（2小时以上），亦不能过量。

64. 黄连（味连、川连、鸡爪黄连）

为毛茛科植物黄连*Coptis chinensis* Franch.的根状茎。

草本。根状茎黄色，常分枝。叶基生，卵状三角形，3全裂；中央裂片羽状深裂，边缘有齿，侧生裂片不等2深裂。花葶1～2枚；二歧或多歧聚伞花序；萼片5片，黄绿色；花瓣线形或线状披针形，中央有蜜槽。蓇葖果。生于山地密林或山谷阴凉处。分布于重庆、陕西、湖北、湖南、四川、贵州等省市。

含小檗碱、黄连碱（coptisine）等生物碱，阿魏酸、黄柏酮、黄柏内酯等。

有抗病原微生物、兴奋与抑制心脏、降血压、降血脂、抗心律失常、延长睡眠、抑制胆碱酶活性、兴奋平滑肌、抗炎、抑制血小板聚集、抗肿瘤、抗放射、降血糖、抗溃疡、解热作用。近年研究还发现从黄连中提取的新物质具抗HIV活性。

用于高热、烦躁、谵妄、热盛吐血、湿热胸痞、泄泻、痢疾、心烦失眠、胃热呕吐、目赤、热疮、牙龈肿痛、阴肿、痔血、湿疹、烫伤。内服：1.5～10.0 g。外用适量。胃虚呕吐、脾虚泄泻者慎服。

痢疾：黄连8 g，木香2 g。共研细末，每服2 g。

有人测定了黄连须根、黄连渣、叶片、叶柄中生物碱的含量，其中4年生黄连叶片生物碱含量达2.43%，叶柄达3.75%，6年生黄连须根生物碱含量达5.67%，黄连渣达6.32%。因此可用以提取小檗碱，加以综合利用。

黄连在历代本草中多有记载。据不完全统计，13部宋代以前古方中含黄连的方剂有1 760个，即有5成左右的方剂中有黄连。现今以黄连作原料的中成药品种亦有100多种。黄连可开发成防止心脑血管疾病和动脉硬化药物，也用于洗涤品中或日用品中，增加杀菌作用。

• 黄连

65. 芍药（殿春）

为芍药科植物芍药*Paeonia lactiflora* Pall.栽培品的根。

草本。根肥大，黑褐色。茎下部叶为二回三出复叶，上部叶为三出复叶；小叶狭卵形、椭圆形或披针形，边缘具白色软骨质细齿。花瓣各色并多重瓣；雄蕊多数；心皮2～5 g。蓇葖果具喙。生于山坡、草地和林下。全国各地多栽培。

含芍药甙、牡丹酚、苯甲酸、β-谷甾醇、单宁、没食子鞣质、α-儿茶素、挥发油、脂肪油、树脂、糖、淀粉、黏液质、蛋白质、三萜类成分、矿物质及氨基酸等。

有增强免疫力、镇静、镇痛、降温、解热、降血压、促进血液流向子宫、增强正常小鼠学习和短时记忆、解痉、抗炎、增加心肌营养性血流量、扩张冠状动脉及肢体血管、抗缺氧、降低血清尿素氮、改善急性失血所致家兔贫血、抗血小板聚集、抗血栓、预防应激性溃疡、保肝、解毒、抗菌、泻下样作用。

用于月经不调、肝病、血尿、贫血、经行腹痛、崩漏、自汗、盗汗、胁肋脘腹疼痛、四肢挛痛、癫痫病、头痛、眩晕。内服：5～12 g。大剂量可用15～30 g。虚寒之证者不宜单独应用。反藜芦。

• 芍药

1. 肌肉痉挛综合症：白芍30 g，甘草10 g。水煎服。

2. 脚跟骨骨质增生：生白芍、炒白芍、生赤芍、生甘草、炙甘草各30 g。水煎服。

芍药花大艳丽，观赏价值高，古人谓牡丹为花王，芍药为花相。芍药在日本被认为是“龙的食物”。花可药、食两用，具血液营养、美容肌肤作用。种子可榨油供制肥皂和掺和油漆作涂料用。根和叶富含鞣质，可提制栲胶，也可用作土农药，毒杀大豆蚜虫和防治小麦秆锈病等。

66. 丹皮（牡丹皮、牡丹根皮）

为芍药科植物牡丹*Paeonia suffruticosa* Andr.的根皮。

• 牡丹

小灌木。根粗大。二回三出复叶或二回羽状复叶；顶生小叶常深3裂。花单生枝顶；萼片5片，宽卵形，大小不等；花瓣5片，或重瓣，倒卵形，顶端不规则波状，色彩变异多；雄蕊多数，花盘杯状，顶端存数个锐齿或裂片，完全包裹心皮。蓇葖果密被黄褐色硬毛。

多为栽培。主产安徽、四川、湖南、湖北、陕西、山东、甘肃、贵州等省。

含牡丹酚、牡丹酚甙、芍药甙、鞣质、挥发油、无机元素、白桦脂酸、齐墩果酸、香豆素等。

对心肌缺血有明显保护作用，同时可降低心肌耗氧量，增加冠脉流量，并有降血压、抗心律失常、抑制细胞Ca离子内流、改善脑缺血、抗凝血、抑制动脉粥样硬化、抑制高血脂、抑制肝脏脂质过氧化反应、增强免疫功能、清除氧自由基、抗变态反应、抗炎、镇痛、抗菌、抑制乙肝表面抗原(HBsAg)、抗肿瘤、降糖、抑制应激性溃疡、抑制催产素所致大鼠子宫收缩、利尿、延长睡眠作用。牡丹酚可降低小鼠直肠温度，与剂量呈正相关。

用于病热入血分、发斑、吐血、发热、阴虚、肺结核、血滞经闭、痛经、癥瘕、痈肿疮毒、跌打伤痛、风湿热痹。内服：6～9 g。血虚、虚寒诸证，孕妇及妇女月经过多者禁服。

过敏性鼻炎：丹皮9 g。水煎服。

牡丹作为观赏植物始自南北朝时期，是中国传统名花，素有“百花之王”、“国色天香”、“富贵花”的别号。花瓣可酿酒。根皮能显著抑制幼虫体内的蛋白酶活性及乙酰胆碱酯酶活性，用于杀灭害虫。在中药储存时，常将丹皮与泽泻作对抗储存，以延长保质期。

67. 鸭脚板草（辣子草、野芹菜、水辣菜、地胡椒）

为毛茛科植物扬子毛茛*Ranunculus sieboldii* Miq.的全草。

• 扬子毛茛

草本，全体密生开展柔毛。基生叶为三出复叶；中央小叶宽卵形或菱状卵形，3浅裂或深裂，边缘有锯齿；侧生小叶不等2裂。花瓣5片，黄色，基部有爪和蜜槽；雄蕊、心皮多数。瘦果有喙。生于平原湿地或林中、坡边。分布于陕西、甘肃、江苏、浙江、江西、福建、湖北、湖南、广西、四川、贵州、云南等省区。

用于疟疾、瘿肿、毒疮、跌打损伤。外用适量。有毒，不可内服。

截疟：鸭脚板草嫩茎叶适量。捣烂，发疟前包前臂内侧接腕处，时间不可太久。

68. 木通（八月札藤、八月瓜藤）

为木通科植物五叶木通*Akebia quinata*（Thunb.）Decne.的藤茎、果实、全株及根。

木质缠绕藤本。掌状复叶；小叶片5片，倒卵形或椭圆形。短总状花序腋生；花雌雄同株；花被3片。果肉质，长椭圆形或略呈肾形，两端圆，熟后紫色，柔软。种子黑褐色。生于林中。分布于陕西、山东、江苏、安徽、江西、河南、湖北、湖南、广东、四川、贵州等省。

五叶木通

藤茎含白桦脂醇、齐墩果酸、常春藤皂甙元、木通皂甙、豆甾醇、β-谷甾醇、胡萝卜甙、肌醇、蔗糖及钾盐等。果实含糖类。

藤茎有利尿、抗菌、刺激血液循环作用。

藤茎用于泌尿系统疾病、闭尿症、发烧、水肿、胸中烦热、咽喉疼痛、口舌生疮、皮肤发炎、风湿痹痛、乳汁不通、经闭、痛经。内服：3～6 g。滑精、气弱、津伤口渴者及孕妇慎服。木通的果实，中药称“八月札”。用于脘胁胀痛、经闭痛经、小便不利、蛇虫咬伤。全株可强化消化道肌肉。根有退烧作用。

睾丸炎：木通30～60 g，葱适量。煎水熏洗。

木通果实是一种营养丰富的水果，可生食或开发成饮料。

69. 三颗针（刺黄连、木黄连）

为小檗科植物拟豪猪刺*Berberis soulieana* Schneid.根、茎或皮。

灌木。刺3分叉，长1～4 cm。叶长圆状披针形，边缘具细长的针状锯齿。花簇生；萼片6片，花瓣状，2轮，黄色，近基部具2个长圆形腺体。浆果椭圆形，熟时红色，被白粉。生于山坡、路旁及林缘。分布于陕西、甘肃、湖北、四川等地。

根含小檗碱约2.31%，小檗胺约3.84%，掌叶防己碱及微量药根碱。

有抗菌、降压、抗炎、保护心肌缺血、抗心肌梗死、抗心律失常、升高白细胞、抗血栓、抗肿瘤作用。

用于湿热痢疾、腹泻、黄疸、湿疹、疮疡、口疮、目赤、咽痛、痈肿疮毒、丹毒、湿疹、烫伤、外伤感染。内服：15～30 g。外用适量。

1.菌痢、胃肠炎：三颗针30 g，吴茱萸根15 g，石榴皮9 g。水煎服。

2.痈肿疮毒、丹毒、湿疹、烫伤、外伤感染：三颗针适量。研细末，水调或麻油调敷。

小檗属植物在中国约有250多种，其根、茎或皮在民间多作三颗针入药。也是提取黄连素的原料。

• 拟豪猪刺

70. 淫羊藿（仙灵脾、三枝九叶草、三叉风、羊藿）

• 箭叶淫羊藿

为小檗科植物箭叶淫羊藿*Epimedium sagittatum*（Sieb.et Zucc.）Maxim.的茎叶及根状茎。民间传说：一个牧人发现，他的山羊吃了这种植物后，性行为增加了，就为此植物取了“淫羊藿”的名字。

草本。根茎结节状，质硬，表面被褐色鳞片，四周多须根。一回三出复叶；小叶片披针形至狭披针形，长9～23 cm，基部心形，边缘具刺齿，侧生小叶基部的裂片偏斜，内侧裂片小，圆形，外侧裂片大，三角形，渐尖，下面被绵毛或秃净；茎具2枚对生叶。圆锥花序长15～30 cm，偶达50 cm；花瓣成角状距，淡黄色，有时基部带紫色，长0.6～2.0 cm。蓇葖果长约1.5 cm。生于林下、灌丛中或阴湿处。分布于陕西、广西、四川、贵州等省区。

含黄酮类化合物、木脂素、生物碱及挥发油等。

有增强下丘脑垂体–性腺轴功能的作用。炮制品有促性功能作用，生品则有抑制作用。淫羊藿甙能明显促进幼年小鼠附睾及精囊腺发育，促进精液分泌，而呈现“催淫”作用。另有增强冠脉血流量、保护急性心肌缺血、增强血小板凝集率、降压、抗心律失常、增强免疫功能、抗衰老、防止骨质疏松、抗炎、抗菌、降血糖、抑制肿瘤转移作用。对庆大霉素所致肾损伤及糖皮质激素所致大白鼠肾上腺损伤均具保护作用。淫羊藿根中的两个有效成分对血管有较强的舒张作用。

用于阳痿遗精、虚冷不育、尿频失禁、肾虚喘咳、腰膝酸软、风湿痹痛、半身不遂、四肢不仁。根兼治尿路结石、白浊、白带、月经不调、小儿雀盲、痈疽成脓不溃。内服：6～15 g。

阳痿：淫羊藿、枸杞子各15 g，肉苁蓉、黄精各9 g。水煎服。

• 华南十大功劳

71. 华南十大功劳（黄柏刺、斗米勒、土黄柏）

为小檗科植物华南十大功劳*Mahonia japonica*（Thunb.）DC.的根及茎。

灌木。茎断面黄色。羽状复叶互生；小叶厚革质，椭圆状卵形或披针形，每边有2～6个粗大刺状锯齿。总状花序；花瓣6片，黄色，顶端2裂。浆果卵形，熟时暗紫色，被白粉。生于阴湿山坡、沟谷或林下。分布于浙江、福建、台湾、广东等省。

含生物碱，主要为异粉防己碱、小檗碱、小檗胺、掌叶防己碱、药根碱、木兰花碱等。

有抑菌作用。

用于肺结核、咯血、肠炎、腹泻、黄疸型肝炎、阴道炎、盆腔炎、风湿性关节炎、火眼红肿、咽喉痛、痈疽、暗疮、湿疹。内服：10～15 g；外用适量。肺虚咳嗽、大便溏泄者忌服。

1.痢疾：华南十大功劳、地锦草各12 g。水煎服。

2.目赤肿痛：华南十大功劳、野菊花各15 g。水煎服。

南方可栽在园林中观赏。因其耐阴性能良好，可长期在室内散射光条件下盆栽种植。

72. 南天竹（天竺、钻石黄）

为小檗科植物南天竹*Nandina domestica* Thunb.的果实、根、茎及叶。

灌木。三回羽状复叶；小叶片椭圆状披针形，冬季常变红色。大型圆锥花序；萼片多数，每轮3片，内两轮呈白色花瓣状。浆果球形，熟时红色或有时黄色。种子扁圆形。生于疏林及灌木丛中，多栽培于庭院。

果实含生物碱（南天宁碱、原阿片碱、异紫堇定碱、南天竹碱、药根碱等）、脂肪酸、翠菊甙等。根、茎含生物碱。叶含微量木兰花碱。嫩叶含维生素C、南天竹氰甙、穗花杉双黄酮、南天竹甙。

有抑制心肌、兴奋平滑肌作用。

果实用于肺热咳嗽、黄疸、砒霜中毒、气喘、百日咳。内服：6～15 g。外感咳嗽初起者慎服。有毒，过量服用可导致呼吸中枢麻痹，心力衰竭而死亡。根小毒，用于肺热咳嗽、湿热黄疸、腹泻、风湿痹痛、疮疡、瘰疬，孕妇禁服。茎枝用于湿热黄疸、泻痢、热淋、目赤肿痛、咳嗽、膈食。叶用于肺热咳嗽、百日咳、热淋、尿血、目赤肿痛、疮痈、瘰疬。

1.黄疸性肝炎：南天竹子10 g。泡汤饮。

2.肺热咳嗽：鲜南天竹根30 g，鲜枇杷叶（去毛）30 g。水煎，分3次服。

南天竹是常见的观叶、观果植物，近年来用于行道绿化、制作盆景，有很高的观赏价值。

• 南天竹

• 鬼臼

73. 桃儿七

（小叶莲、铜筷子、鸡素苔、独脚莲、八角盘、八角乌、白八角莲、金边七）

为小檗科植物鬼臼*Sinopodophyllum emodi*（Wall.）Ying的根及根状茎。

草本。根状茎粗壮，横生，具明显的碗状节。叶心形，直径约25 cm，3～5深裂几达基部，裂片2～3中裂，边缘具齿。花单生，先叶开放，蔷薇红色；花瓣6片，倒卵形。浆果卵圆形，红色。种子多数。生于高山草甸或空旷的草地上。分布于陕西、甘肃、青海、四川、西藏、云南等省区。

含木脂素类（鬼臼毒素）、黄酮类、皂甙、多糖和鞣质等成分。

有抗癌、止咳、去痰作用。

用于慢性气管炎、风湿痹痛、跌打损伤、月经不调、尖锐湿疣。内服：3～6 g。外用适量。有毒。孕妇禁服，体质虚弱者慎服。果实用于月经不调、白带、痢疾、咳嗽、胎气不安；有小毒。

带状疱疹：桃儿七适量。研末，醋调涂患处。

珍稀中草药，国家三级保护植物。桃儿七株形美观，可为花境背景和盆栽观赏。还可用于沤制农药杀虫。

74. 木防己（青藤根、钻龙骨、白木香、青藤仔、盘古风）

为防己科植物木防己*Cocculus orbiculatus*（L.）DC.的根、茎。

木质藤本。叶片形状变异极大，线状披针形至近圆形、倒披针形至倒心形或卵状心形，2～3裂，有时掌状5裂或不裂。聚伞花序单生或作圆锥花序式排列；雌雄异株；花小，淡黄色，萼片6片；花瓣2裂，基部两侧有耳，内折。核果近球形，熟时紫红色或蓝黑色。生于山坡、灌丛、林缘、路边或疏林中。分布于华东、中南、西南地区以及河北、辽宁、陕西等省。

含生物碱（木防己碱、木兰花碱等）。

有镇痛、解热、抗炎、松弛肌肉、降压、抗心律失常、抑制血小板聚集、阻断交感神经节传递、受体阻断作用。可升高正常大鼠总胆固醇，降低高脂饲养大鼠的高密度脂蛋白胆固醇。

用于风湿痹痛、水肿、尿路感染、闭经、跌打损伤、咽喉肿痛、疮疡肿毒、湿疹、痢疾、中耳炎、毒蛇咬伤。内服：5～10 g。外用适量。阴虚、无湿热者及孕妇慎服。茎（小青藤）用于风湿痹痛、跌打损伤、胃痛、腹痛、水肿、淋证。花用于慢性骨髓炎。

1. 风湿痛、肋间神经痛：木防己、牛膝各15 g。水煎服。

2. 鼻咽癌：鲜木防己、野荞麦、土牛膝各30 g。水煎服。

• 木防己

75. 青风藤

（滇防己、过山龙、追骨风、风龙、苦藤、追骨散、土藤）

为防己科植物青藤*Sinomenium acuturn*（Thunb.）Rehd. *et* Wils.的藤茎。

木质大藤本。叶心状圆形或卵圆形，全缘或3～7角状浅裂。圆锥花序大型；花小，淡黄绿色，单性异株；萼片6片，2轮，背面被柔毛；花瓣6片。核果扁球形，稍歪斜，红色至暗红色。生于林中、沟边或灌丛中。分布于长江流域及其以南各省区至广东北部。

含生物碱（青藤碱、尖防己碱、白兰花碱、光千金藤碱、双青藤碱、木兰花碱等）、豆甾醇、β－谷甾醇、消旋丁香树脂酚。

• 青藤

有镇痛、镇静、镇咳、降温、抗炎、免疫抑制、抗心律失常、抗心肌缺血、保护再灌注损伤、降压、阻断神经节及神经肌肉传递、释放组胺作用。青藤碱能降低心肌的收缩性，抑制肾上腺素诱发的自律性。

用于风湿痹痛、心律失常、类风湿性关节炎、脚气肿痛。内服：9～15 g。外用适量。服用过量可出现瘙痒、皮疹、头昏头痛、皮肤发红、腹痛、畏寒发热、过敏性紫癜、血小板减少、白细胞减少等副反应，使用时应予注意。

风湿痹痛：青风藤、红藤各15 g。水煎，加酒适量冲服。

最新研究表明，青藤碱对吗啡依赖性戒断症状有抑制作用，可望开发成戒毒药品。

76. 千金藤

为防己科植物千金藤*Stephania japonica*（Thunb.）Miers的根或茎叶。

藤本。根圆柱状，外皮暗褐色，内面黄白色。叶柄盾状着生；叶卵圆形，下面粉白色。花小，雌雄异株；复伞形聚伞花序，小聚伞花序近无梗，团集于假伞梗的末端；雄花：萼片6～8片，2轮；花瓣3～4片。雌花：萼片、花瓣3～4片。核果近球形，红色，内果皮背部有2行高耸的小横肋状雕纹，不穿孔。生于山坡、路边、沟边或灌丛中。分布于江苏、安徽、浙江、江西、福建、台湾、河南、湖北、湖南、四川等省。

含生物碱（千金藤碱、表千金藤碱等）。

有肌肉松弛、神经节阻断、抗肿瘤、防治白细胞减少作用。

用于咽喉肿痛、痈肿疮疖、毒蛇咬伤、风湿痹痛、胃痛、脚气水肿。内服：9～15 g；研末，1.0～1.5 g。外用适量。服用过量，可致呕吐。

1.痢疾、咽喉肿痛：千金藤根15 g。水煎服。

2.胃痛：千金藤根1.5～3.0 g。研细末，开水吞服。

• 千金藤

77. 黑老虎

（过山风、钻地风、十八症、过山香、厚叶五味子、鸡肠风）

为五味子科植物冷饭团*Kadsura coccinea*（Lam.）A.C.Smith的根及藤茎。

攀援藤本。枝棕黑色。叶卵状披针形。雌雄异株；花被红色或红黄色，10～16片；雄蕊群椭圆形或圆锥形，先端有钻形附属物，雄蕊2～5枚；雌蕊群卵形至球形，雌蕊5～7枚。聚合果近球形，成熟时红色或黑紫色；小浆果倒卵形，外果皮革质；种子红色。生于山地疏林中。分布于江西、福建、湖南、广东、广西、四川、贵州、云南等省区。

种子含南五味子木脂素。根和茎含新南五味子木脂宁、南五味子酸、黑老虎酸、冷饭团素等。

有镇痛、抗炎作用。

用于胆道蛔虫、胃肠绞痛、术后肠粘连、附件炎、痛经、风湿性关节炎、坐骨神经痛、肾绞痛、十二指肠溃疡、慢性胃炎、急性胃肠炎、跌打损伤、骨折、痛经、产后淤血腹痛、疝气痛。内服：藤茎9～15 g；或研粉，0.9～1.5 g。外用适量。孕妇慎服。

1.慢性胃炎、胃溃疡：黑老虎根9～15 g。水煎服；或根0.9～1.5 g，研末服。

2.跌打损伤、风湿性关节痛：黑老虎根15 g，铁箍散15 g。水煎服。外用鲜藤适量，捣烂，酒炒敷患处。

救必应注射液每2 ml相当于黑老虎根3.5 g。

•冷饭团

● 鹅掌楸

78. 凹朴皮（马褂木皮、双飘树皮）

为木兰科植物鹅掌楸*Liriodendron chinense*（Hemsl.）Sarg.的树皮及根。

乔木。树皮黑褐色。叶片呈马褂形，先端平截或微凹，基部圆形或浅心形，近基部具1对侧裂片。花杯状，花被9片，3轮，绿色，具黄色纵条纹；雄蕊多数，密叠于一纺锤状中柱上。聚合果卵状圆锥形；小坚果先端延伸成翅。生于山地林中。分布于江苏、安徽、浙江、江西、福建、台湾、湖南、湖北、广西、四川、贵州、云南等省区。南部一些城市常栽培供观赏。

叶含美鹅掌楸内酯和表美鹅掌楸内酯。皮含鹅掌楸甙。木部含鹅掌楸碱、海罂粟碱、去氢海罂粟碱、巴婆碱、丁香醛、O-甲基阿塞洛林、N-乙酰巴婆碱。

有抗菌作用。

树皮用于风湿痹痛、风寒咳嗽。内服：9～15 g。根用于风湿关节痛、肌肉萎软。

1. 肌肉萎缩：鹅掌楸根、大血藤各30 g，茜草根、一口血各9 g，豇豆、木通各15 g，红花1.5 g。泡酒服。

2. 风湿关节痛：凹朴皮、刺桐各30 g。煨水服。

鹅掌楸为孑遗植物，对于研究东亚植物区系和北美植物区系的关系，探讨北半球地质和气候的变迁，具有重要意义。国家二级保护植物。

79. 野厚朴（野玉兰、优昙花、土厚朴）

为木兰科植物山玉兰*Magnolia delavayi* Franch.的树皮、花。

● 山玉兰

乔木。树皮灰绿色或灰黑色。叶卵形或卵状长圆形，基部宽圆形或微心形，下面幼时密被长绒毛。花大而芳香，乳白色；花被通常9，3轮，淡绿色；雄蕊多数，药隔伸出成三角状短尖；雌蕊群卵圆形。小蓇葖果窄椭圆形，喙外弯。生于阔叶林中。分布于四川、贵州、云南等省。

树皮用于慢性胃炎、消化不良、呕吐、腹胀腹痛、腹泻。内服：6～15 g。花用于肺炎、支气管炎、鼻炎、泌尿道炎症。

鼻炎：野厚朴花、辛夷花各适量。泡开水饮。

80. 紫玉兰（木兰、木笔花）

为木兰科植物紫花玉兰*Magnolia liliflora* Des.的干燥花蕾。木兰科玉兰亚属植物大多色白如玉，香气似兰，故又名“玉兰”。本品花被片外面紫色，因而得名。

灌木。冬芽密生灰绿黄色绒毛。叶倒卵形或椭圆状形卵形。花大，先叶开放或与叶同时开放，单生枝顶，钟状；花被9，3轮，内两轮矩圆状倒卵形；外面紫色或紫红色，内面白色；心皮多数。聚合果矩圆形。生于林中，全国各地栽培。

含挥发油及少量生物碱。

有抗炎、抗过敏、降压作用。

花蕾（辛夷）用于风寒感冒之头痛、急慢性鼻炎及鼻窦炎。内服：3～10 g。外用适量，研末搐鼻。阴虚火旺者慎服。

鼻炎：辛夷3 g。偏风寒犯肺者，加藿香10 g；偏风热壅盛者，加槐花10 g。开水泡当茶饮。

国家三级保护植物。通常植于庭园观赏，也可作嫁接玉兰的砧木。 木兰科玉兰亚属多种植物的花蕾在各地亦作辛夷用。

● 紫花玉兰

81. 广玉兰（荷花玉兰、洋玉兰、百花果）

为木兰科植物荷花玉兰*Magnolia grandiflora* L.的花或树皮。

乔木。叶椭圆形或倒卵状长圆形。花芳香，白色，杯状，开时形如荷花；花被9～12，倒卵形，厚肉质；雄蕊多数，花丝扁平，紫色；雌蕊群椭圆形；花柱卷曲。聚合果，密被毛；蓇葖果具长喙。生于潮湿温暖地区。我国长江流域以南各地栽培。

叶含内酯、番荔枝碱、鹅掌楸碱。木部含生物碱。皮部含木兰花碱、白栝楼碱、广玉兰立定甙等。根皮含木兰属内酯。种子含油和厚朴酚等。花含芳香油和木兰花碱。

● 荷花玉兰

有降压、肌肉松弛、神经节阻断、抗菌、抗真菌、抗溃疡作用。

花用于高血压、风寒感冒、头痛、牙痛、鼻塞、呕吐、腹泻。树皮用于痞疾。内服：花3～10 g；树皮6～12 g。外用适量。

1.高血压：广玉兰花6～9 g。水煎服。

2.风寒感冒：广玉兰花10 g，白芷10 g。共研细末。每日3次，每次6 g。

广玉兰树形优美，花大清香，是优良环保庭院树，对二氧化硫、氯气等抗性强，可在大气污染严重地区栽培。花可制鲜花浸膏。

82. 厚朴（川朴、油朴、正朴）

为木兰科植物凹叶厚朴*Magnolia officinalis* ssp. *biloba*（Rehd. *et* Wils.）

Cheng *et* Law 的枝干皮、根皮、花及果。

乔木。树皮淡褐色。叶大形，狭倒卵形，顶端凹缺或钝圆。花单生，白色，芳香，直径10～15 cm，花被9～12，3轮；雄、雌蕊多数。聚合果长圆卵形；蓇葖木质。生于林中。分布于福建、浙江、安徽、湖北、江西、四川、贵州等省。

含木脂素类（厚朴酚、和厚朴酚等）、多种挥发油、生物碱（木兰箭毒碱、柳叶木兰碱等）。

有广谱抗菌、肌肉松弛、中枢抑制、降血压、抗炎、抑制肿瘤作用。姜制品有抗胃溃疡作用。厚朴酚可明显防止肝纤维化及肝硬变的形成。

干皮、枝皮、根皮用于胸腹胀痛、消化不良、肠梗阻、肠炎、痢疾、痰饮喘满。内服：3～10 g。燥湿、泄满宜生用，止呕宜姜汁炒用。花、果用于气滞胸闷、感冒咳嗽。气虚津伤血枯者禁服；孕妇慎服。

胃寒腹痛：厚朴15 g，丁香10 g，山柰、干姜、甘草（制）各5 g。水煎服。

我国特有树种，濒危植物及国家二级保护植物。

● 凹叶厚朴

83. 云南含笑（皮袋香、山栀子、十里香、山辛夷）

为木兰科植物云南含笑*Michelia yunnanensis* Franch.的花及叶。“含笑”一名，首见于宋《全芳备祖》，盛开时节，花半合不满，娇羞欲笑。

常绿灌木，丛生。芽、幼枝、幼叶背面、叶柄、花梗密被深红色平伏毛。叶革质，倒卵形至窄倒卵状椭圆形。花芳香，花瓣5片，白色；雄蕊多数。生于林中。分布于云南省。

花芳香油含量大约为0.4%。

花用于喉炎、鼻炎、结膜炎。内服：9～15 g。叶用于跌打损伤、半身不遂。

跌打损伤：鲜云南含笑叶15 g。水煎调酒服，药渣搽伤处。

花可提取浸膏，是食品、化妆品工业的重要香料，亦可熏茶。叶具香气，可磨制香粉。有很高的观赏价值。

• 云南含笑

84. 五味子（北五味子、辽五味子）

为木兰科植物五味子 *Schisandra chinensis*（Turcz.）*Baill.* 的果实。始载于《神农本草经》，列为上品。唐《新修本草》载“五味皮肉甘酸，核中辛苦，都有咸味”，故名“五味子”。

• 五味子

木质藤本。叶片薄，卵形至宽椭圆形，边缘疏生有腺体的细齿。花黄白，微带粉红色，芳香；雌雄异株；花被片6～9片，外轮较小；雄花花丝合生；雌花心皮多数，螺旋状排列。果球形，肉质，熟时深红色。生于山坡、灌丛中。东北、华北等地有野生或栽培。

含挥发油、糖类、有机酸、精氨酸、维生素C等。种子含多种木脂素类成分，五味子甲、乙、丙素，伪五味子素等。还含β－谷甾醇。种子尚含脂肪油约34%，多种矿物质。

有调节中枢神经系统的兴奋和抑制过程、增加氧气吸收、提高机体工作效能、减轻疲劳、增强中心及周围视力敏感性、抗胆碱（大剂量）、增强肾上腺皮质功能、暂时加强碱性磷酸酶活性、止咳、祛痰、降压、调节胃液分泌、促进胆汁分泌、保肝、改善心肌营养、镇静、抑制脂质过氧化、抗衰老、抗惊厥作用。对内脏器官有刺激和调和作用，可调控人体生理活动、维持代谢平衡、增强免疫力、减少病菌感染。可增强人体的耐力和协调性能，有助于集中注意力，抵抗沮丧。

用于咳喘、自汗、盗汗、遗精、久泻、津少口干、神经衰弱以及无黄疸型肝炎等。用量3～9 g。全株入药可控制血压、延缓衰老、滋阴壮阳。

1.神经衰弱：五味子9～15 g。水煎服。

2.肝炎：五味子研粉，每服3 g，每日3次。1月为一个疗程。谷、丙转氨酶恢复正常后，仍宜继续服药2～4周，以巩固疗效。

治疗肝炎新药联苯双酯就是以五味子丙素为先导化合物设计并合成出一系列衍生物中筛选出来的。种子含脂肪，油脂可制肥皂或作机械润滑油。茎叶及种子均可提取芳香油。

85. 蜡梅花（黄梅花、雪里花、蜡花）

为蜡梅科植物蜡梅*Chimonanthus praecox*（L.）Link的花蕾。花瓣色黄而晶莹透亮和蜡黄相仿，亦称“蜡梅花”。因花开于腊月，故又称“腊梅花”。

灌木。叶卵圆形至卵状椭圆形。花先叶开放，芳香；花瓣多层，圆形、倒卵形或匙形，螺旋状排列；雄蕊5枚；雌蕊多数。瘦果包藏于花托内，花托成熟后形成假果，坛状或倒卵状椭圆形，被绢质丝状毛。生于山坡、灌丛中。分布于华东地区及湖北、湖南、四川、贵州、云南等省。

• 蜡梅

花的香气成分中，含量最多的是罗勒烯，其次分别是芳樟醇、乙酸苄酯、水杨酸甲酯、侧伯烯、柠檬烯及苯甲醇等。另含红豆杉氰甙、蜡梅甙、α-胡萝卜素、蜡梅碱。叶含蜡梅碱、山蜡梅碱。

蜡梅碱具有类似士的宁样作用，可引起哺乳动物强烈抽搐。

用于暑热烦渴、头晕、胸闷脘痞、梅核气、咽喉肿痛、久咳、小儿麻疹、风湿痛、跌打损伤、毒疮、烫火伤。内服：3～9 g；有小毒。外用适量。根（铁筷子）用于腰肌劳损、风湿性关节炎、风寒感冒、跌打损伤、脘腹疼痛、哮喘、劳伤咳嗽、疔疮肿毒。孕妇禁服。皮、叶均可入药。

1. 暑热心烦头昏：蜡梅花

6 g，扁豆花9 g，鲜荷叶9 g。水煎服。

2.慢性咽炎：蜡梅花、玄参、麦冬各10 g，甘草5 g。水煎，代茶饮。

蜡梅花极具观赏价值，是冬季的景观树种，在园林上广为应用，亦可提取芳香浸膏。蜡梅花茶：新鲜蜡梅花或干蜡梅花七八朵，沸水冲泡即可，常饮用可治疗头痛、咽喉肿痛、口臭等症。

86. 樟（樟材、香樟木、香通、吹风散）

为樟科植物樟*Cinnamomum camphora*（L.）Presl的木材及植物各部。

乔木。枝、叶及木材均有樟脑气味。叶卵形或卵状椭圆形，下面微有白粉。圆锥花序；花绿白色或黄绿色；花被筒倒锥形，裂片6片；能育雄蕊9枚，3轮。果实近球形，紫黑色；果托杯状，先端平截。生于山坡或沟谷。分布于我国南方地区，尤以台湾省为最多。

● 樟

木材、叶含挥发油3%～5%，主要成分为樟脑。根含挥发油，主要成分为黄樟醚、松油醇等。树皮含左旋-表儿茶精等。种子含脂肪油，其中饱和脂肪酸占93%。

樟脑有局部麻醉、止痒、镇痛、祛风、轻微祛痰、兴奋中枢神经系统、强心、升压和兴奋呼吸作用。有毒，可引起头晕、头痛乃至兴奋、谵妄等，食2 g以上可导致癫痫样痉挛、呼吸衰竭而死亡。儿童摄食0.75 g即可死亡。樟脑油有止痛作用，可促进血液循环。

木材用于风寒感冒、支气管哮喘及喘息型气管炎、胃寒胀痛、寒湿吐泻、风湿痹痛、脚气、跌打伤痛、疥癣风痒。内服：10～20 g；研末，3～6 g。外用适量。孕妇禁服。根（香通）用于胃脘疼痛、霍乱吐泻、狐臭、面神经麻痹、风湿痹痛、皮肤瘙痒等；气虚有内热者禁服。树皮用于风湿痹痛、肠炎、酒醉、皮肤瘙痒、胃脘疼痛、呕吐泄泻、脚气肿痛、跌打损伤、疥癣疮毒、毒虫螫伤。叶用于风湿痹痛、胃痛、水火烫伤、疮疡肿毒、慢性下肢溃疡、疥癣、皮肤瘙痒、肿毒、毒虫咬伤。成熟果实用于脘腹冷痛、咽喉肿痛、寒湿吐泻、气滞腹胀、脚气。病态果实（樟梨子）用于胃寒脘腹疼痛、食滞腹胀、呕吐腹泻、疮肿。樟脑用于热病神昏、中恶猝倒、痧胀吐泻腹痛、寒湿脚气、疥疮顽癣、秃疮、冻疮、臁疮、水火烫伤、跌打伤痛、牙痛、冻疮、风火赤眼。内服：入丸、散，0.06～0.15 g，不入煎剂。外用适量。内服不宜过量，气虚者及孕妇禁服。皮肤过敏者慎用。

1.胃寒胀痛：樟木15 g。水煎服。

2.面神经麻痹：鲜樟木根60 g，枫香树根皮15 g。捣烂外包（面歪左包右，歪右包左）。

3.狐臭：樟木根适量。研细末，加入米饭混合成团，搓揉腋下。

樟枝、根或木材碎片，可蒸馏生产固体的白色樟脑晶体和樟脑油。樟脑具刺激性，可作发赤剂涂擦皮肤，轻擦可产生类似薄荷的清凉感，亦是古代香料、香水、防腐剂和防蠹球原料。樟脑油用于胸腔和肌肉按摩、吸入药和唇膏。国家二级保护植物。

• 樟

87. 蓟罂粟

为罂粟科植物蓟罂粟*Argemone mexicana* L.的全草。

• 蓟罂粟

草本，具苦汁液。茎散生刺，被白粉。叶椭圆形，上面沿脉灰白色，脉散生刺，边缘羽状深裂，裂片具波状齿，齿尖有刺。萼片舟形，先端具距，距尖有刺，外面散生少数刺；花瓣6片，宽倒卵形，黄色或橙黄色；子房被黄褐色伸展的刺，花柱极短，柱头深红色。蒴果卵圆形，被稀刺。种子球形，具网纹。我国南方各地多栽培，或逸为野生。

地上部分含别隐品碱、原阿片碱、小檗碱、二氢血根碱、二氢白屈菜红碱、血根碱、白屈菜红碱等生物碱。花含异鼠李素、3－甲氧基槲皮素及香草酸。根含别隐品碱、原阿片碱、小檗碱、血根碱、去甲血根碱及痕量黄连碱、β－谷甾醇。种子含蓟罂粟素、木樨草素及圣草酚等黄酮类化合物。

全草有抗心律不齐、抑制心脏、抗菌作用。

全草用于感冒无汗、黄疸、淋病、水肿、眼睑裂伤、疝痛、疥癞、梅毒。内服：3～6 g。外用适量。根用于淋病、绦虫病。种子用于便秘、疝痛、牙痛、梅毒。液汁用于眼睑裂伤、皮肤病、梅毒、疥癞。

庭植或盆栽观赏植物。

• 紫堇

88. 紫堇（断肠草、闷头花、羊不吃）

为罂粟科植物紫堇*Corydalis edulis* Maxim.的根或全草。

草本。叶二至三回羽状全裂，末回裂片狭卵形，下面灰绿色。总状花序；花冠淡粉紫红色，距约占外轮上花瓣全长的1／3，末端略向下弯；子房条形，柱头2裂。蒴果条形。种子扁球形，黑色。

生于林缘、墙基。分布于华东地区及河北、山西、陕西、甘肃、河南、湖北、湖南、四川、贵州等省。

有抗菌作用。

用于疮疡肿毒、耳流脓、咽喉疼痛、顽癣、秃疮、毒蛇咬伤。内服：4～10 g。外用适量。有毒，用量不宜过大。

1.疮毒：紫堇根适量。煎水，洗患处。

2.秃疮、蛇咬伤：鲜紫堇根适量。捣烂，外敷。

89. 延胡索（元胡、玄胡索）

为罂粟科植物延胡索*Corydalis yanhusuo* W.T.Wang *ex* Z.Y.Su *et* C.Y.Wu的块茎。

草本。块茎扁球形。近基部茎节处常膨大成小块茎，3～4个成串。叶片二回二出全裂。总状花序；花瓣4片，淡紫红色，2轮，外轮上瓣最大，兜状，边缘具小齿，中下部延伸成长距，下瓣较短，基部具浅囊状突起，内轮2瓣，合抱雄蕊，中、下部细长成爪；雄蕊6枚，2束。蒴果条形。种子细小，黑色，有光泽，表面密布小凹点。生于旷野、草地、丘陵、林缘。分布于河南、陕西、江苏、安徽、浙江、湖北等省。

含多种生物碱。

有镇痛、镇静、降血压、抗心律失常、抗脂质过氧化、抑制血小板聚集、抑制胃酸分泌和溃疡形成、增强小鼠学习能力作用。

用于胸痹心痛、脘腹疼痛、腰痛、疝气痛、痛经、经闭、癥瘕、顽固性呃逆、剧烈咳嗽、产后淤滞腹痛、跌打损伤。内服：3～10 g；研末，1～3 g。孕妇禁服，体虚者慎服。

1.挫伤：延胡索(醋炙)、广木香、郁金各等分，研细末，每次5 g，一日3次。

2.胃痛：延胡索10 g，枳实8 g，白及6 g，三七5 g。研末，每次4 g，开水冲服，一日3次。

延胡索乙素是从中药延胡索中提取的生物碱，其左旋体l—THP又称颅痛定。

• 延胡索

90. 丽春花（赛牡丹、锦被花、百般娇、蝴蝶满园春）

为罂粟科植物虞美人*Papaver rhoeas* L.的全草、花或果实。

草本，全体被伸展淡黄色刚毛。叶片披针形，羽状分裂，边缘有粗锯齿。花单朵顶生；花瓣4片，近圆形，红色或深蓝色，边缘带白色，基部具深紫色的小斑；柱头辐射状。蒴果具不明显的肋，孔裂；花盘平扁，边缘圆齿状。我国各地庭园有栽培。

全草含生物碱。花含花青素、矢车菊素、对-羟基苯甲酸、袂康蹄纹天竺甙、袂康酸及生物碱。种皮含吗啡、那可汀、蒂巴因、脂肪油。

丽春花定碱能明显降低眼压，轻度兴奋呼吸。果实中多糖类有抗肿瘤作用。有毒。过量服用可引起狂躁、嗜睡、脉搏加速、呼吸不匀等症状，重则死亡。

用于咳嗽、偏头痛、腹痛、痢疾。内服：花，1.5～3.0 g；全草，3～6 g。

痢疾：丽春花1.5～3.0 g。煎汤，分两次内服。

花可单泡，或搭配绿茶饮用，润肤养颜。孕妇、儿童不宜。嫩叶可食。

• 虞美人

虞美人

91. 鱼木（山橄榄、三脚鳖、三脚桌、树头菜、虎王、龙头花）

为白花菜科植物鱼木*Crateva religiosa* G. Forst.的叶、根及干。

乔木。小枝灰色，有散生皮孔。指状复叶；小叶3片，卵形或卵状披针形，侧生小叶偏斜。伞房花序顶生；花大，杂性，萼片4片，下部与花被黏合；花瓣4，叶状，卵形或矩圆形，绿黄色转淡紫色，有爪；雄蕊多数，与雌蕊柄的基部合生。浆果近球形，幼时光滑，后有淡黄色小斑点。种子多数。生于林中。分布于福建、广东、广西、云南等省区。

果实含生物碱。树皮含皂苷。

根及干用于催产、胃寒、胃气痛、胃溃疡、扁桃腺炎、急性肠炎、精神错乱、风湿关节痛、下消。内服：9～15 g。外用适量。叶用于斑痧热证、痢疾、感冒咳嗽、烂疮、掌生疱。少量可以健胃；叶外敷可使皮肤起泡。孕妇忌用，忌与鸡肉同服。树皮和果实有毒。

1.蛇咬伤：鱼木叶适量。捣烂，外敷。

2.急性肠炎：鱼木根60 g。水煎代茶饮。

3.痢疾：鱼木叶120 g，月桃头60 g，红糖15 g。水煎服。

树形美观，花姿美丽，盛花时节犹如群蝶纷飞，适合观赏。木材为乐器、细工用材。对鱼有毒。

• 鱼木

● 青菜

92. 小白菜（小油菜、油白菜）

为十字花科植物青菜*Brassica chenensis* L.的茎及叶。

草本。叶倒卵形、宽卵形或披针形，全缘或疏生波状齿，茎生叶基部抱茎，两侧有耳。总状花序顶生，成圆锥状；花瓣4片，淡黄色。长角果条形，喙细。种子球形，紫褐色。全国各地栽培。

嫩茎、叶含蛋白质、脂肪、糖类、粗纤维、钙、磷、铁、胡萝卜素、核黄素、烟酸、维生素C等。

用于肝脾不和、饮食积滞、脘腹痞胀、纳呆、便秘。内服适量。

嫩茎叶为常见蔬菜。

93. 莱菔子（萝卜籽）

为十字花科植物萝卜*Raphanus sativus* L.的种子。

草本。直根肉质，长圆形、球形或圆锥形。下部茎生叶大头羽状半裂，有钝齿，疏生粗毛；上部叶长圆形，近全缘。总状花序；花瓣4片，白色、紫色或粉红色，倒卵形，具紫纹，下部有爪；雄蕊4长2短。长角果圆柱形，种间

• 萝卜

缢缩，具海绵质横隔，顶端有喙；种子卵形，红棕色，有细网纹。全国各地栽培。

含脂肪油约30%、芥子碱（sinapine）、莱菔素（raphanin）等。

有抗菌、镇咳、降胆固醇、祛痰、降压作用。可增强离体兔回肠节律性收缩和抑制小白鼠胃排空时间。

用于食积气滞、脘腹胀满、腹泻、下痢后重、咳嗽多痰、气逆喘满。内服：5～10 g；宜炒用。外用适量。无食积痰滞及中气虚弱者慎服。

1.咳嗽痰喘：莱菔子9 g，白果9 g，熟地18 g，陈皮6 g，杏仁9 g。水煎服。

2.便秘：莱菔子（文火炒黄）30～40 g。温开水送服，每日2～3次。

本品直根即蔬菜萝卜。

94. 猪笼草（雷公壶、捕虫草、猪仔笼）

为猪笼草科植物猪笼草*Nepenthes mirabilis*（Lour.）Druce的全草。本种独特的吸取营养器官捕虫囊，形状很像猪笼，故名。

猪笼草

攀援状亚灌木。叶长椭圆形，中脉延长为卷须，卷须的顶端常扩大成一囊状体（捕虫囊）。囊状体近圆筒形，绿色，有褐色或红色斑点和条纹；囊盖卵圆形或宽卵形。雌雄异株；总状花序；萼片4片，长圆形红色或紫红色；无花瓣。花丝合生，花药集成圆球型；子房4室。蒴果4瓣裂，深褐色。种子丝状。攀附于树上或匍匐地面，有栽培。分布于广东、云南、海南省。

含黄酮甙、氨基酸、酚类、糖类、蒽醌甙。

用于胃痛、黄疸性肝炎、痈肿、水肿、痢疾、虫咬伤、肺燥咳嗽、百日咳、高血压、跌打损伤。内服：15～30 g。外用适量。

猪笼草的捕虫囊内有蜜腺能分泌蜜汁引诱昆虫，昆虫进入捕虫囊后，由于内侧囊壁很光滑，所以难以爬出。囊下半部的内侧壁稍厚，并有很多消化腺，这些腺体分泌出稍带黏性的消化液储存在囊底。消化液呈酸性，具有消化昆虫的能力。掉进囊内的昆虫多数是蚂蚁，也有一些会飞的昆虫如野蝇和蚊子等。

在《濒危野生动植物种国际贸易公约》中，猪笼草属于附录Ⅱ中受保护的植物。

95. 马牙半支

（酱瓣半支、酱瓣草、仙人指甲、豆瓣草、旱半支、狗牙瓣）

为景天科植物凹叶景天*Sedum emarginatum* Migo的全草。

肉质草本。叶匙状倒卵形至宽卵形，先端圆，微凹。蝎尾状聚伞花序顶生；花瓣5片，黄色，披针形；雄蕊10枚，2轮，花药紫色。蓇葖果略叉开，腹面有浅囊状隆起。生于较阴湿的土坡或溪谷林下。分布于陕西、甘肃、江苏、安徽、浙江、江西、福建、湖北、湖南、广东、四川、云南等省。

用于痈疖、疔疮、带状疱疹、瘰疬、咯血、吐血、衄血、便血、痢疾、淋病、黄疸、崩漏、带下。内服：15～30 g；或捣汁，鲜品50～100 g。外用适量。

1.疮毒红肿：鲜马牙半支、木芙蓉叶、鱼腥草各适量。捣烂，敷患处。

2.便血：马牙半支30 g，地榆15 g，槐花15 g。水煎服。

凹叶景天可作地被植物，美化环境。

● 凹叶景天

96. 常山（黄常山、鸡骨常山、蜀漆）

为虎耳草科植物常山*Dichroa febrifuga* Lour.的根。

灌木。叶形状变化大，椭圆形至披针形，边缘有齿。伞房花序圆锥形，顶生；花蓝色或青紫色；花萼倒圆锥状；花瓣4～7片，近肉质；花丝扁平。浆果蓝色，种子多数。生于山地灌丛或林缘。分布于陕西、甘肃及华中、华南、西南地区。

根含生物碱，主要有黄常山碱。叶中黄常山碱的含量比根中多10～20倍。

有抗疟、抗阿米巴原虫、抗心律失常、抗癌、降压、解热、催吐作用。黄常山可引起实验动物恶心、呕吐、腹泻及胃肠黏膜充血、出血。大剂量黄常山碱丙对肝脏有损伤作用。

用于疟疾、胸中痰饮积聚。内服：3～9 g。催吐可生用，截疟宜酒炒用。有毒。正气不足，久病体弱者及孕妇慎服。

疟疾：常山、槟榔、鳖甲各20 g，乌梅、红枣各9个，甘草、生姜各9片，制成浓缩流浸膏10 g。日服5 g。

• 常山

● 绣球

97. 绣球（粉团花、紫阳花、绣球花、土常山）

为虎耳草科植物绣球*Hydrangea macrophylla*（Thunb.）Ser.的根、叶或花。花大，具清香，形态像绣球，故名。

灌木。叶椭圆形至卵状椭圆形，边缘具粗锯齿。伞房花序顶生，球形；花极美丽，白色、粉红色或变为蓝色，全部为不孕花；萼片4片，阔卵形，全缘。全国各地栽培。

全株含氰甙、八仙花精。叶含八仙花酚、异八仙花甙、叶甜素、茵芋甙等。根含八仙花酚、八仙花酸、半月苔酸、瑞香素的甲基衍生物、伞形花内酯。

有抗疟、兴奋子宫、短暂降血压作用。对猫、兔在位肠管蠕动有轻度促进作用。

用于疟疾、心热惊悸、烦躁、喉痹、阴囊湿疹、疥癞。内服：9～12 g。外用适量。有小毒。

1.疟疾：绣球花叶10 g，黄常山6 g。水煎，疟疾发作前服。

2.阴囊湿疹：绣球花7朵，煎水洗。

常见的庭院花卉。

98. 虎耳草

（石荷叶、金丝荷叶、耳聋草、猫耳朵、天青地红）

为虎耳草科植物虎耳草*Saxifraga stolonifera* Meerb.的全草。叶肉质，圆形或肾形，被毛，状似老虎耳朵，故名。

草本。匍匐茎细长，红紫色。叶基生，肉质，圆形或肾形，边缘有浅裂片和细锯齿，上面绿色，常有白色斑纹，下面紫红色，两面被柔毛。圆锥状花序；花瓣5片，白色或粉红色，下方2瓣特长，椭圆状披针形，基部有黄色斑点；雄蕊10枚，比萼片长约1倍，花药紫红色。蒴果2深裂。生于林下、灌丛、草甸和阴湿岩石上。分布于华东、中南、西南地区及河北、陕西、甘肃等省。

叶含岩白菜素、槲皮素、没食子酸、有机酸、氨基酸、硝酸钾及氯化钾。茎含儿茶酚。根含挥发油。

● 虎耳草幼株

• 虎耳草全株（上图） • 虎耳草花（下图）

有强心、利尿作用。

用于风热咳嗽、肺痈、吐血、肺结核、耳内流脓、风火牙痛、风疹瘙痒、痈肿丹毒、痔疮肿痛、毒虫咬伤、烫伤、淋巴结结核、外伤出血。内服：10～15 g。外用适量。孕妇慎服。

1. 肺痈吐臭脓：虎耳草12 g，忍冬叶30 g。水煎服。

2. 中耳炎：鲜虎耳草适量。捣取汁，加适量冰片，滴耳（先用3%双氧水洗涤外耳道，将脓性分泌物清除）。略加枯矾更妙。或用中耳炎药水（每100 ml鲜虎耳草汁加75%乙醇20 ml制成）滴耳。

3. 湿疹、皮肤瘙痒症：鲜全草50 g。浸酒服。

虎耳草茎长而匍匐，茎尖着地生幼株，可用于岩石园林绿化，或盆栽供室内垂挂。

99. 海桐（七里香叶、金边海桐）

为海桐花科植物海桐*Pittosporum tobira*（Thunb.）Ait.的根、枝叶及种子。

常绿小乔木或灌木。枝条近轮生。叶革质，卵状长圆形至倒心形。伞房状伞形花序；花白色，芳香，后变黄色；花瓣5片，倒披针形；雄蕊2枚。蒴果卵形，有3棱，密被短柔毛，木质。种子肾形，暗红色。我国长江以南各地，长江以北的公园多栽培。

叶含R1-玉蕊醇元、海桐花甙、异鼠李素-3-鼠李糖葡萄糖甙、海桐花新甙。花含喇叭醇、挥发油。种子含海桐花黄质。

枝叶用于疥疮、肿毒；外用适量。根祛风活络、散淤止痛。种子能涩肠、固精。

为园林绿化观赏树种，对二氧化硫等有毒气体有较强的抗性。

• 海桐

100. 路路通（枫香果）

为金缕梅科植物枫香树*Liquidambar formosana* Hance的果序、树脂、根和树皮。

乔木。叶心形，常3～5裂，边缘有细齿，齿尖具腺状突起。雌雄同株，无花被；雄花淡黄绿色，葇荑花序再排成总状，生于枝顶；雌花排成头状。果序圆球形，直径2.5～4.5 cm，表面有刺。生于林边、疏林中。分布秦岭及淮河以南各地。

果含挥发油、路路通酸、萜类、黄酮甙、酚类、糖类、齐墩果酸、胡萝卜苷、桦木酮酸、没食子酸等。叶含挥发油。

有保肝、抗炎作用。对糖尿病周围神经病变、高脂及高黏血症有显著改善作用。

用于椎基底动脉供血不足性眩晕、急性脑梗死、风湿痹痛、肢体麻木、手足拘挛、脘腹疼痛、经闭、乳汁不通、水肿胀满、湿疹。内服：3～10 g。外用适量。孕妇慎服。树脂用于胃脘疼痛、支气管感染、痢疾、泄泻、湿疹、出血、痈疮、瘰疬、痹痛、瘫痪、皮肤病和寄生虫。根和树皮用于痈疽疔疮、风湿痹痛、牙痛、湿热泄泻、痢疾、小儿消化不良、癫疾、痒疹。

过敏性鼻炎：路路通12 g，苍耳子、防风各9 g，辛夷、白芷各6 g。水煎服。

• 枫香树

路路通在台湾作保肝药。枫香树树皮燃烧可作香熏和熏蒸剂。树脂和玫瑰香水及金缕梅混合能制成化妆用收敛剂。树脂加工后得到的芳香油，在香精调合上有很强的定香力，可作薰香和百花香的固着剂和应用于调配香烟。浸提后的残渣是制造驱蚊片的优质原料。树脂还用作显微技术的黏合剂、塑料和人造革的原料。枫香具有较强的耐火性和对有毒气体的抗性，可用于厂矿区绿化。木材有商品价值。南方的秋景主要为枫香树的红叶，因此可用于行道树美化城市。

101. 檵木（纸末花、白清明花）

为金缕梅科植物檵木*Loropetalum chinense*（R.Br.）Oliv.的花、根及叶。

●檵木

常绿灌木或小乔木，被黄色星状毛。叶卵形或卵状椭圆形。花簇生小枝端，无柄；花瓣4片，条形，淡黄白色；雄蕊4枚，药隔伸出成刺状。木质蒴果球形，褐色，先端2裂。生于向阳山坡、路边、灌木林中。分布于我国中部、南部及西南各地。

花含槲皮素与异槲皮甙。木、叶含槲皮素和鞣质。另含没食子酸和黄酮类。

花研粉有止血作用。根有子宫兴奋作用。叶有止血、抗菌、增加冠脉流量、降低心肌氧耗量、扩张外周血管作用。

花用于肺热咳嗽、出血、痢疾烧伤、泄泻、崩漏。内服：6～10 g。外用适量。根、叶用于出血、产后恶露不尽、风湿关节疼痛、跌打损伤、泄泻、痢疾、白带、脱肛、紫癜、肝热目赤、喉痛。

鼻衄：继木花12 g，紫珠草15 g。水煎服。或用鲜花适量揉团，塞鼻中。

102. 杜仲（丝棉树、丝棉皮）

为杜仲科植物杜仲*Eucommia ulmoides* Oliv.的树皮。

乔木。树皮折断拉开有多数细丝。单叶互生，卵形或长圆形，边缘有齿。雌雄异株；雄花无花被；雌花单生。翅果扁平，长椭圆形，先端2裂，周围具薄翅。生于山地。我国各地栽培。

含木脂素类、环烯醚萜类、酚类、多种氨基酸及微量元素、杜仲胶（含量约22.5%）。

有降压（煎剂优于醇提液，炒品优于生品）、平衡并增强细胞免疫功能、抑制子宫收缩、利尿、壮骨、镇痛、镇静、增加SOD活力、增加肾上腺重量、抗衰老作用。

用于高血压病、头晕目眩、腰膝酸软、肾虚尿频、妊娠胎漏、胎动不安。内服：6～15 g。阴虚火旺者慎服。杜仲嫩叶能补虚生津、解毒、止血。

●杜仲

1.风冷伤肾、腰痛：杜仲500 g(姜汁制，炒至丝断)。酒浸10日服，每服30 g，日2次。

2.高血压病：杜仲、黄芩、夏枯草各15 g。水煎服。

我国特产单种植物，第三纪残遗古老树种，国家二级保护植物。杜仲叶的药理作用和化学成分与树皮相似，可代替杜仲入药。市场已有杜仲叶为原料的保健茶上市，具降压和增强免疫功能作用。杜仲叶、皮和果实中含有丰富的胶质，成熟的叶片含3%～5%，成熟的果实含10%～18%，根皮含10%～12%。杜仲胶属硬性橡胶，具有广泛用途。

103. 桃仁（白花桃、毛桃）

为蔷薇科植物桃*Amygdalus persica* L.的种仁。原产于中国，逐渐传播到亚洲周边地区，从波斯传入西方，其拉丁名种加词persica就源自波斯的同名。

小乔木。叶柄常有腺体；叶片椭圆状披针形，边缘具细齿。花先叶开放；花瓣5片，倒卵形，粉红色或白色；雄蕊多数。核果近球形，表面有短绒毛，果肉白色或黄色。种子扁卵状心形。生于山坡、谷沟或荒野。我国各地栽培。

种仁含苦杏仁甙约3.5%、甾醇类、色氨酸、糖、绿原酸、蛋白质成分、多种氨基酸、奎宁酸、不饱和脂肪酸等。花含山柰酚、香豆精、维生素等。

● 桃花

有增加血流量并降低血管阻力、抗炎、镇痛、抗血栓、镇咳、抗过敏、抗肿瘤、提高机体免疫功能、抗肝纤维化、收缩子宫、驱虫作用。具SOD样活性。对肝脏表面微循环有一定的改善作用。

用于痛经、血滞经闭、产后淤滞腹痛、症瘕结块、跌打损伤、淤血肿痛、肺痈、肠痈、肠燥便秘。内服：6～10 g。制霜用须包煎。无淤滞者及孕妇禁服。过量服用可引起中毒，严重者可因呼吸麻痹而死亡。花、枝、叶、果、根均入药。桃胶（树皮分泌的树脂）用于血瘕、石淋、痢疾、腹痛、糖尿病、乳糜尿。

1.产后血闭：桃仁20枚，藕1节。水煎服。

2.黄褐斑、黑斑、面色晦暗：桃花花蕾250 g，白芷3 g，用白酒1 000 ml

● 桃

密封浸泡30天，早晚各饮15 ml，同时将酒倒少许在手掌中，两掌搓至手心发热，来回揉擦面部。

桃树是我国传统的早春重要观花树种。果实是著名的水果。核可以榨油。桃木细密坚硬，可供雕刻用。花可美容，《神农本草经》有“令人好颜色”之记载。方法：将新鲜的桃花捣烂取汁，涂于脸部，轻轻按摩片刻，或阴干的桃花粉末，用蜂蜜调匀涂敷脸部，然后洗净。鲜花中的营养物质可滋润皮肤，改变面部细胞的活力，从而达到面色红润、皮肤润泽光洁、富有弹性的效果。

104. 乌梅（梅实、梅肉）

为蔷薇科植物梅*Armeniaca mume* Sieb.近成熟的果实、叶及根。果实常用加工方法为烟火熏制，变为褐黑，故称“乌梅”。

乔木。小枝先端刺状。叶椭圆状宽卵形。花先叶开放；花瓣5片，白色或淡红色，宽倒卵形；雄蕊多数。果实近球形，黄色或绿白色，被柔毛；种子腹面和背棱上有沟槽，表面具蜂窝状孔穴。以长江流域以南各地栽培最多。

花含挥发性成分。果实含有机酸。种仁含苦杏仁甙约0.5%、苦味酸、超氧化物歧化酶。

果实有驱蛔虫、抑菌、抑制白血病细胞生长、促进肠蠕动、收缩胆囊平滑肌及膀胱逼尿肌、抗衰老、抗氧化、抗“O”、软化血管、抗过敏作用。对子宫颈癌抑制率在90%以上。

果实用于慢性乙肝、多汗、小儿消化不良、肺胀咳喘、失眠、银屑病、崩症、失音、荨麻疹、龋齿疼痛、子宫脱垂、过敏性结肠炎、神经衰弱、慢性肾炎、尖锐湿疣、足跟痛、功能失调性子宫出血、霉菌性阴道炎、久泻久痢、尿血便血、便秘、虚热烦渴、蛔厥腹痛、疮痈胬肉。内服：3～10 g。外用适量，烧存性。有实邪者忌服。种仁用于暑热霍乱、烦热、视物不清。叶用于痢疾、崩漏、痔疮。带叶枝条用于妇女小产。根用于风痹、喉痹、休息痢、胆囊炎、瘰疬。多食损齿。

1.过敏性鼻炎：乌梅10 g，防风5 g，甘草1 g。水煎服。

2.糖尿病：乌梅、苍术各20 g，山茱萸肉30 g，五味子20 g。水煎服。

乌梅的加工方法对质量有较大的影响，常见加工方法有熏制法、晒干法和烘制法，以熏制法为好。乌梅可促进皮肤的新陈代谢，消除黄褐斑，具有美容美发的作用，可开发成美容产品。梅汁中含钾多而含钠较少，适合需要长期服用排钾性利尿药者食之。酸梅汤：乌梅适量、砂糖适量，煎水；有清凉解暑，生津止渴作用。

● 梅

• 杏

105. 杏仁（苦杏仁、杏子）

为蔷薇科植物山杏*Armeniaca sibirica*（L.）Lam.的种仁及植物各部。

灌木或小乔木。叶卵圆形，边有细锯齿。春季先叶开花，花单生枝上端，似总状；花瓣5片，白色或粉红色，近心形或倒卵形；雄蕊多数。核果近圆形，有沟，两侧扁，熟时黄色带红晕；果肉较薄而干。种子卵形。生于灌丛中。分布于华北、东北地区。

种仁含苦杏仁甙、脂肪油、绿原酸、肌醇、雌酮、雌二醇、蛋白成分、挥发性成分等。

种仁有镇咳平喘、润肠通便、抗炎、镇痛、抗突变、杀蛔虫作用。

种仁用于外感咳嗽喘满、肠燥便秘。内服：3～10 g，用时须打碎。外用适量。阴虚咳嗽及大便溏泻者禁服，婴儿慎服。有小毒，不宜过量服用。果实用于肺燥咳嗽，津伤口渴。叶用于水肿、皮肤瘙痒、目疾多泪、痈疮瘰疬。花用于妇女不孕、肢体痹痛、手足逆冷。枝用于跌打损伤。树皮及根用于食杏仁中毒。

1.感冒咳嗽：杏仁10 g，紫苏10 g，甘草5 g。水煎服。

2.足癣：杏仁100 g，陈醋300 ml。文火煎15～20 min，涂敷患处。

杏仁在唐代已有甜、苦之分，以止咳、平喘的有效成分苦杏仁甙为指标。苦杏仁含苦杏仁甙达3%以上，而甜杏仁含苦杏仁甙量甚微，故入药应以苦杏仁为主。

杏仁是食品工业、油脂工业、化妆品工业的重要原料。也是我国传统出口商品。山杏叶可提栲胶。

同属植物杏*A. vulgaris* Lam.的果实，种仁及植物各部功效同山杏。

• 山杏

106. 樱桃（山朱樱、樱、紫樱、朱果、莺桃）

为蔷薇科植物樱桃*Cerasus pseudocerasus*（Lindl.）G.Don的果实、叶、枝及花。樱桃一名见于《本草衍义》，以其形肖桃而樱鸟喜食而名。

灌木或乔木。叶柄先端有1或2个大腺体；叶片卵形或长圆状卵形，边有尖锐重锯齿，齿端有小腺体。伞房状花序；花先叶开放，花瓣5片，白色，卵圆形，先端下凹或二裂；雄蕊多数。核果近球形，红色。生于山坡向阳处或沟边。我国各地栽培。

• 樱桃（上图） • 樱桃花（下图）

种子含氰甙，加水分解可得氰氢酸。果实含蛋白质、糖、磷、铁、胡萝卜素、维生素C等。

果实用于脾虚泄泻、肾虚遗精、腰腿疼痛、四肢不仁、疹发不出、烧烫伤、喉症、冻疮、瘫痪。内服：30～150 g。外用适量。不宜多食。核用于痘疹初期透发不畅、皮肤瘢痕、瘿瘤、疝气疼痛。叶用于胃寒食积、腹泻、咳嗽、吐血、疮疡肿痛、蛇虫咬伤、阴道滴虫。枝用于胃寒脘痛、咳嗽、雀斑。花用于面部粉刺。根用于绦虫、蛔虫、蛲虫病、经闭、肝经火旺、手心潮烧、风湿、劳倦内伤。

1.喉症：樱桃500 g。熬水或泡酒服。

2.冻疮：鲜樱桃(八成熟)适量。75%乙醇浸液局部涂擦。

樱桃含铁量高，位于各种水果之首，常食樱桃可补充体内对铁元素量的需求，促进血红蛋白再生。可作果酱、饮料。常用樱桃汁涂擦面部及皱纹处，能使面部皮肤红润嫩白。

107. 木瓜（皱皮木瓜、川木瓜）

为蔷薇科植物贴梗海棠*Chaenomeles speciosa*（Sweet）Nakai 的果实。

灌木。枝条有刺，紫褐色或黑褐色。叶卵形至椭圆形，边缘有尖锐锯齿；托叶大，近半圆形，具齿。花先叶开放，簇生于老枝上；花瓣倒卵形，猩红色、淡红色或白色。果实卵球形，黄绿色，有稀疏斑点，芳香。多栽培。分布于华东、华中及西南各地。

含有机酸类（如齐墩果酸）、萜类、皂苷类、木瓜凝乳蛋白酶、维生素C、黄酮类等。

有降低小鼠腹腔巨噬细胞吞噬率和吞噬指数、抗菌、缩短凝血时间、抗脂质过氧化、抗癌、改善血液浓黏凝聚状态、保肝作用。

用于风湿痹痛、乙型肝炎、腰椎间盘突出症、心血管疾病、肢体酸重、筋脉拘挛、吐泻转筋、脚气水肿。内服：6～12 g。外用适量。

风湿痹痛：木瓜、老鹳草、豨莶草各9 g。水煎服。

木瓜蛋白酶是对动植物蛋白质水解能力极强的一种酶，广泛用于食品、制药等行业。木瓜还可加工成保健饮料或食品。重要观花树种。

• 贴梗海棠

108. 水莲沙（铺地红子、铁扫帚、岩楞子、矮红子）

为蔷薇科植物平枝栒子*Cotoneaster horizontalis* Decne.的枝叶或根。

匍匐灌木。枝近水平开张成两列状，小枝黑褐色。叶近圆形或宽椭圆形，下面有平贴柔毛。花瓣5片，倒卵形，直立，粉红色；雄蕊约12枚，短于花瓣；花柱2～3枚。果实近球形，鲜红色。生于岩石坡上或灌丛中。分布于陕西、甘肃、浙江、湖北、湖南及西南等地。

叶、果含右旋儿茶精、右旋表儿茶精、矢车菊素、花色素等。

用于痢疾、泄泻、腹痛、咳嗽、吐血、痛经、白带。内服：10～15 g。

痛经：鲜水莲沙50～75 g。煮鸭蛋吃。

平枝栒子枝叶横展，晚秋时红叶、红果，美丽而动人，是布置庭院、绿地、墙沿、角隅的优良植物。另外，可作地被和制作盆景，也可用于插花。

● 平枝栒子

109. 蛇莓

（蛇泡草、蛇盘草、麻蛇果、蛇藨、地莓、三匹风、蛇不见、落地杨梅）

为蔷薇科植物蛇莓*Duchesnea indica*（Andr.）Focke的全草。

• 蛇莓

草本。匍匐茎长30～100 cm，有柔毛。三出复叶；托叶窄卵形到宽披针形；小叶片倒卵形至菱状长圆形，边缘有钝齿。花单生于叶腋；副萼片5片，倒卵形，比萼片长，先端常具3～5锯齿；花瓣倒卵形，黄色；雄蕊，心皮多数；花托在果期膨大，海绵质，鲜红色，有光泽，直径10～20 mm。瘦果卵形。生于山坡、河岸、草地。分布于我国辽宁省以南地区。

含胆甾醇、没食子鞣质、总蛋白、非结构性碳水化合物、糖类、蛋白质、酚性物质、有机酸、甙类等。

有抗癌、增强免疫功能、抗菌、短暂降压、增加冠脉流量作用。蛇莓乙醚提取部分有雄激素祥和组胺样效果。

用于热病、惊痫、感冒、痢疾、黄疸、角膜炎、结膜炎、牙根尖周炎、口疮、慢性咽炎、腮腺炎、疖肿、毒蛇咬伤、吐血、崩漏、月经不调、烫伤、皮癣、跌打肿痛、中毒。内服：9～15 g，鲜品30～60 g。外用适量。

1.感冒发热咳嗽：蛇莓鲜品30～60 g。水煎服。

2.痢疾、肠炎：蛇莓15～30 g。水煎服。

3.雷公藤及磷、砒中毒：鲜蛇莓30 g（去果实），生绿豆30 g。捣烂，冷开水泡，绞汁服。

蛇莓是优良地被花卉，春季赏花，夏季观果。全草用于杀灭孑孓及蝇蛆。

110. 枇杷叶

为蔷薇科植物枇杷*Eriobotrya japonica* (Thunb.) Lindl.的叶。叶短柄，互生，革质，形似琵琶因而得名。

• 枇杷

小乔木。叶披针形至长椭圆形，上部边缘有疏锯齿，下面及叶柄密生灰棕色绒毛。圆锥花序顶生，密生锈色绒毛；花瓣5片，白色，有锈色绒毛。果实球形或长圆形，黄色或橘红色；种子褐色，光亮。我国中南、西南地区多栽培。

叶含苦杏仁甙、有机酸、白藜芦醇、金丝桃甙、倍半萜类、挥发油。果实含蛋白质、脂肪、碳水化合物、粗纤维、钙、磷、铁、维生素C、类胡萝卜素。花含挥发油及低聚糖。

有降血糖、抗菌、抗炎、抗癌、抗溃疡、镇静、镇咳、平喘作用。

用于支气管炎、咳血、衄血、吐血、胃热呕吐、妊娠恶阻、小儿吐乳、糖尿病、面疮、酒皶鼻。内服：煎汤，9～15 g，大剂量可用至30 g，刷净毛或纱布包煎。润肺下气止咳逆，宜蜜汁炒用。胃寒呕吐及风寒咳嗽症者禁服。

1.急性支气管炎：枇杷叶（刷净毛）15 g，百部、筋骨草、十大功劳各9 g。水煎服。

2.胃癌呕逆：枇杷叶20 g，陈皮25 g，炙甘草15 g，生姜3片。水煎服。

枇杷是我国南方特有水果，其果肉柔软多汁，酸甜适度，味道鲜美，被誉为“果中之皇”。其钙、磷、胡萝卜素含量高于其他常见水果，并含有人体所必需的多种氨基酸，营养丰富，有很高的保健价值。枇杷叶极有可能开发成为低毒高效的新型抗癌药物。

111. 棣棠花

（三月花、金棣棠、通花条、小通花、地团花、鸡蛋黄）

为蔷薇科植物重瓣棣棠*Kerria japonica f. pleniflora*（Witte）Rehd.的花及枝叶。

灌木。小枝常拱垂，有棱角，髓白色。叶三角状卵形，先端长渐尖，边缘有尖锐重锯齿。花单生枝顶；萼片5片，宿存；花重瓣，宽椭圆形，先端下凹，黄色。雄蕊多数。瘦果有皱褶。生于山坡、灌丛中。分布于华东、西南及陕西、甘肃、河南、湖北、湖南等地。

花含柳穿鱼甙等。茎叶含抗坏血酸。叶及根含少量氢氰酸。

花有利尿作用。

花用于咳嗽、风湿痹痛、产后劳伤痛、水肿、小便不利、消化不良、痈疽肿毒、湿疹、荨麻疹。内服：6～15 g。外用适量。枝叶用于风湿关节痛、荨麻疹、湿疹、痈疽肿毒。根用于关节疼痛、痈疽肿毒。忌食酸、辣、芥菜、萝卜等。

1.消化不良：棣棠花15 g，炒麦芽12 g。水煎服。

2.荨麻疹：棣棠花或嫩枝叶适量。水煎外洗。

3.咳嗽：鲜棣棠花3～9 g。开水泡，代茶饮；或加蜂糖适量蒸服。

● 重瓣棣棠花

棣棠（*Kerria japonica*），花瓣5。药用同正种。

为园林观赏植物，丛植于篱笆、墙边、坡地、草坪，或栽做花径、配植假山，景观效果均极佳。

112. 蛇含（五匹风、地五甲、五爪风、五叶蛇莓、狗脚迹）

为蔷薇科植物蛇含委陵菜*Potentilla kleiniana* Wight *et* Arn.的带根全草。

宿根草本。具匍匐茎。基生叶近于鸟足状；小叶片5片，倒卵形或长圆倒卵形，边缘有锯齿，两面被疏柔毛；上部茎生叶小叶3片，全缘，稀有1～2齿。聚伞花序密集枝顶如假伞形；副萼片花时比萼片短，果时略长或近等长；花瓣5片，倒卵形，先端微凹，长于萼片，黄色。瘦果具皱纹。生于田边、山坡、草地。分布于华东、中南、西南地区及辽宁、陕西、西藏等省区。

含仙鹤草素、蛇含鞣质、长梗马兜铃素等。

用于高热惊风、疟疾、肺热咳嗽、肺脓疡、百日咳、痢疾、疮疖肿毒、咽喉肿痛、风火牙痛、带状疱疹、淋巴结结核、目赤肿痛、虫蛇咬伤、风湿麻木、跌打损伤、月经不调、外伤出血、雷公藤中毒。内服：9～15 g，鲜品加倍。外用适量。

疟疾并发高烧：蛇含16 g，白蔹6 g，紫苏10 g。水煎，于疟前2小时服。

• 蛇含委陵菜

113. 李

为蔷薇科植物李*Prunus salicina* Lindl.的果实、根、叶及种仁。

乔木。叶柄近顶端有2～3个腺体；叶长方倒卵形或椭圆倒卵形，边缘有细密浅圆钝重锯齿。花瓣5片，白色；雄蕊多数，2轮。核果球形或卵球形，绿、黄或带紫红色，有光泽，被蜡粉；核有细皱纹。全国各地栽培。

•李果（上图） •李花（下图）

种仁含苦杏仁甙、李甙、蛋白质、脂肪、糖类、氨基酸、微量元素。果实含氨基酸、糖、有机酸、蛋白质、脂肪、碳水化合物及多种维生素。

种仁有泻下、抗炎、镇痛作用。

种仁用于大肠气滞、肠燥便秘、水肿腹满、脚气、跌打损伤、小便不利。内服：3～10 g。体质虚弱者及孕妇慎服。果实用于虚劳骨蒸、糖尿病、腹水。根用于糖尿病、淋病、痢疾、白带、丹毒、牙痛。叶用于小儿身热、金疮。

小儿身热：李叶适量。煎水洗。

李的果实是优良的鲜食水果，还可以加工制成蜜饯、果酱、果酒、饮料、话李等。果汁可预防中暑。李干有醒酒和解渴镇呕的作用。不宜多食，不可与雀肉、蜂蜜同食。味苦涩者不可食。

114. 救军粮

（赤阳子、纯阳子、火把果、红子、救兵粮、小红子）

为蔷薇科植物火棘*Pyracantha fortuneana*（Maxim.）Li的果实、根及花。

常绿灌木。侧枝短，先端成刺状。叶簇生，倒卵形或倒卵状长圆形，边缘有钝锯齿。复伞房花序；花瓣5片，近圆形，白色；雄蕊多数。果实近球形，橘红色或深红色。生于山地、丘陵、灌丛中及路旁。分布于西南地区及陕西、江苏、浙江、福建、河南、湖北、湖南、广西、西藏等省区。

果实含蛋白质、脂肪、糖类、多种维生素、氨基酸、矿物质钙、磷、铁、膳食纤维、β-谷甾醇、圣草素、甙类、槲皮素。叶含芸香甙、芒花甙、异槲皮甙和槲皮素。

果实有抗氧化、增强细胞免疫功能、增强体力、降甘油三酯作用。

果实用于食积停滞、脘腹胀满、痢疾、泄泻、崩漏、带下、跌打损伤。内服：12～30 g。外用适量。根用于盗汗、劳伤腰痛、肠风下血。叶用于疔疮、火眼、痢疾、外伤出血。花亦入药，行气活血、清热解毒。

1.水泻白带、痢疾：救军粮30 g，水煎服。

2.骨蒸潮热：火棘根皮30 g，地骨皮15 g，青蒿12 g。水煎服。

火棘具有较高的观赏价值。果维生素C含量较高，是营养保健型水果，还可酿酒及做饲料。果皮可以提制红色色素，为天然的优质食品添加剂。据报道，果中含有生物增白物质，能使皮肤减少色素产生，其提取液被广泛用于日用化妆品中。

• 火棘

115. 沙梨

为蔷薇科植物沙梨*pyrus pyrifolia* (Burm.f.) Nakai的果实、枝叶及根。

乔木。小枝紫褐色或暗褐色。叶卵状椭圆形或卵状，基部圆形或近心形，边具刺毛状锯齿，有时齿端微向内曲。伞形总状花序；花瓣5片，白色。果实近球形或扁圆形，褐色或青白色，有浅色斑点。生于山坡或沟边。我国华东、中南、西南地区栽培。

●沙梨（上图） ●沙梨花（下图）

果实含苹果酸、枸橼酸、果糖、葡萄糖及蔗糖等。叶含甙类、鞣质及无机元素。

果实用于干咳、热病烦渴、汗多、便秘等症。内服：鲜品60～120 g，干品9～15 g。脾虚便溏及寒嗽者忌服。枝叶用于食菌中毒、霍乱吐利、小儿疝气。根用于咳嗽、疝气。

热病烦渴：鲜沙梨、荸荠、苇根、麦冬、藕各适量。取汁饮。

沙梨为庭园观赏树种，果实是优良的鲜食水果。

● 月季

116. 月季花（月七花、月月红）

为蔷薇科植物月季*Rosa chinensis* Jacq.的花、叶及根。

灌木。小枝带钩刺或无刺。羽状复叶，叶柄及叶轴疏生皮刺及腺毛；托叶大部附生于叶柄上，边缘有腺毛或羽裂；小叶3～5片，宽卵形或卵状长圆形，边缘有锐锯齿。花单生或数朵聚生成伞房状；花瓣5片，红色或玫瑰色，微香。果卵圆形或梨形，红色。全国各地普遍栽培。

花含挥发油，多为萜醇类化合物。另含没食子酸、槲皮甙、槲皮素等。

花有抗真菌作用。

花用于月经不调、痛经、闭经、高血压、跌打损伤、湿疹、疮痈、烫伤。内服：3～6 g，鲜品9～15 g。外用适量。脾虚便溏者、孕妇及月经过多者慎服。叶用于疮疡肿毒、瘰疬、跌打损伤、腰膝肿痛、外伤出血。根用于月经不调、痛经、闭经、血崩、跌打损伤、瘰疬、遗精、带下。

1.月经不调或经来腹痛：鲜月季花20 g。开水泡服。

2.经期潮热：月季花9～15 g，大枣12 g。水煎服。

3.烫伤：月季花适量。焙干研粉，茶油调搽患处。

我国是月季的故乡，栽培历史悠久。花和果可加工成化妆品、食品和工艺品等。女性常用月季花瓣泡水当茶饮，可活血美容。

117. 金樱子（糖罐子、长糖二、刺糖果）

为蔷薇科植物金樱子*Rosa laevigata* Michx.的果实、根、叶及花。

攀援灌木。茎有钩状皮刺和刺毛。小叶3～5片，椭圆状卵形或披针状卵形，边缘具细齿。花瓣5片，白色，雄蕊多数，萼筒外面密被刺毛。果近球形或倒卵形，紫褐色，外面密被刺毛。生于向阳山野、田边、灌丛中。分布于黄河以南地区。

果实含有机酸、金樱子皂甙、β－谷甾醇、胡萝卜甙。果皮含多种水解型鞣质。

果实有抗流感病毒、抗脂质过氧化作用。可减少尿频次数，延长排尿间隔时间，增多尿量。

果实用于遗精、滑精、遗尿、尿频、久泻、久痢、白浊、白带、崩漏、脱肛、子宫下垂。内服：9～15 g。有实火、邪热者慎服。根用于遗精、遗尿、泄泻、痢疾、咳血、便血、崩漏、带下、脱肛、子宫下垂、风湿痹痛、跌打损伤、疮疡、烫伤、牙痛、胃痛、蛔虫症、诸骨哽喉、乳糜尿。叶用于痈肿疔疮、烫伤、痢疾、闭经、带下、创伤出血。花用于久泻久痢、遗精、尿频、遗尿、带下、绦虫、蛔虫、蛲虫症、须发早白。

1.尿频遗尿：金樱子9 g，桑螵蛸9 g，莲须9 g，山药12 g。水煎服。

2.久咳：鲜金樱子90～120 g。水煎服。

● 金樱子

金樱子是一理想的药食同源植物，可作茶解渴，或加适量糖作成饮料。金樱酒具有滋补良效、味美。金樱子色素可应用于糖果、饮料（清凉饮料、香槟酒）等，作食品添加剂。

118. 十姐妹（七姐妹、姐妹花）

为蔷薇科植物十姐妹*Rosa multiflora*（Thunb.）var. *platyhylla* Thory的根及叶。

• 十姐妹

攀缘灌木。羽状复叶；小叶3～7片，卵圆形至卵状长圆形，边缘有锯齿；托叶大部分与叶柄合生，具锐腺齿，先端裂片狭披针形；叶轴下面有小刺。伞房花序；花重瓣，芳香，蔷薇色或红色；雄蕊多数。果球形。全国各地栽培。用于黄疸、瓣块。内服：9～15 g。

黄疸、瓣块：鲜十姐妹根15～24 g，猪瘦肉60 g。同炒，加红酒90～120 g，共煮1小时。同午饭或晚饭服。

用于园林观赏。

119. 缫丝花

为蔷薇科植物缫丝花*Rosa roxburghii* Tratt.的果实、花、根及叶。

• 缫丝花

灌木。小枝、叶柄、叶轴有刺。羽状复叶；托叶大部贴生于叶柄；小叶长圆形，边缘有细锐锯齿。花生短枝顶端；花瓣5片或重瓣，粉红色；雄蕊、心皮多数。果扁球形，直径3～4 cm，外密生针刺，宿存萼裂片直立。分布于我国西南地区及陕西、甘肃、安徽、浙江、江西、福建、湖北、湖南、西藏等省区。野生或栽培。

果肉含维生素、烟酸、糖、胡萝卜素、β－谷甾醇、脂肪酸、刺梨酸、微量元素。未成熟果实含刺梨素、蔷薇素、桤木素。花粉含可溶性糖约18.54%、维生素、蛋白质、氨基酸、脂肪酸、矿质元素。

果实有加速胃肠排推、增加胆道压力、促进胆汁、胰液及胰酶(除胰淀粉酶外)分泌、降血脂、抗动脉粥样硬化、抗氧化、抗肿瘤、抗病毒、抗辐射、保肝、增强免疫功能作用。果汁可促进体内铅、氟的排泄。

果实（刺梨）用于食积饱胀、糖尿病、脱发、肠炎腹泻、维生素C缺乏症。内服：9～15 g；或生食。根用于胃脘胀满疼痛、牙痛、喉痛、久咳、泻痢、遗精、黄疸、带下、崩漏、痔疮。叶用于痈肿、痔疮、暑热倦怠、外伤出血。

1.食积饱胀：刺梨、苦荞头各15 g。水煎服。

2.痢疾：缫丝花根30 g，委陵菜根15 g。煨水服。

缫丝花果实维生素C含量高，富含超氧化物歧化酶（SOD），多用于保健食品及日用化妆品生产中，可加工成果汁、果酱、果酒、果脯、糖果、糕点等。缫丝花也是一种很好的观赏花卉和绿篱植物。

120. 薅田藨

（藨、三月泡、红琐梅、倒筑伞、薅秧泡、倒生根、托盘、龙船藨）

为蔷薇科植物茅莓*Rubus parvifolius* L.的地上部分及根。

• 茅莓

灌木。枝、叶柄与叶轴有短柔毛及倒生皮刺。羽状复叶；小叶3片或5片，菱状圆形、宽倒卵形至楔状圆形，边缘具齿，下面密生白色绒毛。伞房花序；萼外面密被柔毛和疏密不等的针刺，直立；花瓣5片，粉红色或紫红色。聚合果球形，红色。生于林下、山谷、路旁或荒野。分布几遍全国。

果实含赤霉素。地上部分含糖、维生素C、鞣质、β-胡萝卜素和α-生育酚。根含儿茶精、β-谷甾醇、豆甾醇和菜油甾醇。

地上部分有止血、抗血栓形成、抗心肌缺血、抗缺氧作用。

地上部分用于感冒发热、咳嗽痰血、痢疾、皮炎、湿疹、呃逆、白泡疮、跌打损伤、产后腹痛、疥疮、疖肿、外伤出血。内服：10～15 g。外用适量。根用于感冒发热、咽喉肿痛、风湿痹痛、肝炎、肠炎、痢疾、过敏性皮炎、肾炎水肿、尿路感染、结石、跌打损伤、咳血、吐血、崩漏、疔疮肿毒、腮腺炎。孕妇禁用。

1.痢疾：薅田藨30 g。水煎，酌加糖调服。

2.皮炎、湿疹：薅田藨适量。煎汤熏洗。

3.慢性肝炎：茅莓根60 g，阴行草30 g。水煎服。

茅莓果酸甜可食，亦可熬糖和酿酒；叶及根皮可提栲胶。

121. 山莓（三月泡、大麦泡、薅秧泡、黄莓）

为蔷薇科植物山莓*Rubus corchorifolius* L.f.的根及叶。

灌木。枝、叶柄有毛及皮刺。托叶贴生叶柄，条形；叶卵形或卵状披针形，基部心形，边缘不裂或3浅裂，有不整齐重锯齿，下面被灰色绒毛，脉有小刺。萼外面被灰白色柔毛；花瓣5片，白色。聚合果球形，红色。生于山坡、路旁、林缘或灌丛中。分布几遍全国。

根含酚性成分、皂甙。

根有抗菌作用。

根用于吐血、咯血、痢疾、月经不调、白带、风湿痹痛、跌打损伤、骨折。内服：15～30 g。叶用于疮痈。

痢疾：鲜山莓根皮90 g，龙芽草根60 g。水煎服。

果含有机酸，熟后可食及酿酒。

山莓

122. 地榆（西地榆）

为蔷薇科植物地榆*Sanguisorba officinalis* L.的根。

草本。根多呈纺锤形，表面棕褐色或紫褐色。茎有棱。基生叶为羽状复叶，小叶卵形或长圆形心形，边缘有粗锯齿；茎生叶长圆形，托叶大，半卵形，有齿。穗状花序圆柱形或卵球形；花从花序顶端向下开放，紫红色。瘦果包藏在宿存萼筒内，4棱。生于草地、灌丛中或疏林下。分布于我国东北、华北、西北、华东、西南地区及河南、湖北、湖南、广西等省区。

含三萜类（地榆皂苷、甜茶皂甙）、黄酮类、鞣质、酚类、糖类和微量元素。

有止血、保肝、抗炎、抗菌、抗肾损伤、促进烧烫伤及伤口愈合作用，对急性胃黏膜损伤有明显保护作用。

用于伤寒、上消化道出血、胃及十二指肠溃疡、便血、慢性胃炎、烧伤、菌痢、慢性结肠炎、崩漏、赤白带下、疮痈肿毒、湿疹、阴痒、蛇虫咬伤。内服：6～15 g。外用适量。脾胃虚寒、中气下陷、冷痢泄泻、崩漏带下、血虚有淤者均应慎服。

• 地榆

1. 胃溃疡出血：生地榆9 g，乌贼骨15 g，木香6 g。水煎服。

2. 烫火伤：地榆适量。研粉，麻油调敷。

最新研究表明，地榆能阻止硝基盐在肠内的亚硝基化，对预防癌症有一定的作用。地榆的提取物能防止紫外线引起的色素沉着和皮肤损伤，在保健美容产品开发方面有较大前途。地榆所含的皂甙经水解后可得到熊果酸，用作提取熊果酸的原料。

● 合欢

123. 合欢皮（马缨花、绒花树）

为豆科植物合欢*Albizzia julibrissin* Durazz.的树皮及花。因花日落而合，日出而开，又名夜合树。

乔木。花序和叶轴被绒毛或短柔毛。二回羽状复叶互生；羽片4～20对。头状花序在枝顶排成圆锥状；花粉红色，花冠裂片三角形；雄蕊多数，基部合生，花丝细长。荚果带状，嫩时有柔毛。生山坡或栽培。分布于我国东北、华东、中南及西南各地区。

树皮含合欢苷、鞣质、木脂素及其糖苷、吡啶醇衍生物的糖苷等。

树皮有抗生育、增强免疫能力、延长睡眠时间、抗肿瘤作用。

树皮用于心神不安、忧郁、不眠、内外痈疡、跌打损伤。内服：10～15 g。外用适量。风热自汗、外感不眠者禁用。花用于郁结胸闷、失眠、健忘、眼疾、神经衰弱等。

1.心烦失眠：合欢皮9 g，夜交藤15 g。水煎服。

2.夜盲：合欢皮、千层塔各9 g。水煎服。

合欢可作绿阴树、行道树。花清热解暑、养颜祛斑、解酒，可代茶饮：可单泡，或和冰糖、蜂蜜共同冲泡。

124. 黄芪（绵芪、黄耆、独根、绵黄芪）

为豆科植物内蒙黄芪*Astragalus momgholicus* Bunge的根。《本草纲目》载“耆长也，黄芪（耆）色黄，为补者之长，故名。”

内蒙黄芪

草本。根圆柱形，稍带木质，表面淡棕黄色至深棕色。羽状复叶；小叶宽椭圆形、椭圆形或矩圆形，两端近圆形，下面密生短柔毛。总状花序；花冠黄色，蝶形；雄蕊10枚，二体。荚果膜质，膨胀，半卵形，有短喙及长子房柄，网纹明显，下垂。生于山坡、沟旁或疏林下。分布于我国东北地区及河北、山西等省。常栽培。

含黄芪甙、黄芪多糖、大豆皂甙、胡萝卜甙、氨基酸、黄酮、多种微量元素、蛋白质、叶酸、棕榈酸、亚油酸、亚麻酸、胡萝卜素、羽扇豆醇、联苯双酯、天冬酰胺、胆碱、甜菜碱、香豆精等。

有增强免疫功能、增强消化功能、改善肺功能、保护肝肾功能、改善心脑血管功能、利尿、降血糖、抗肿瘤、抗炎、解毒、抗衰老、抗应激、抗骨质疏松、抑制流感病毒作用。

用于心脏病、脑梗死、面神经炎、白细胞减少症、肝炎、内伤劳倦、脾虚泄泻、肺虚咳嗽、脱肛、子宫下垂、吐血、便血、崩漏、自汗、盗汗、水肿、血痹、痈疽难溃或久溃不敛，及一切气虚血亏之证。

白细胞减少症：黄芪30 g，人参6 g，枸杞15 g，女贞子9 g,茯苓9 g，党参12 g，白术12 g。水煎服。

黄芪素以“补气诸药之最”著称，始见于汉墓马王堆出土的帛书“五十二病方”，《神农本草经》列为上品。

125. 鞍叶羊蹄甲（羊蹄藤、夜关门、柴米子、黑土箭者）

为豆科植物鞍叶羊蹄甲*Bauhinia faberi* Oliver的枝叶或根。

直立或攀援灌木。叶近肾状圆形，先端2裂至1／3～1／2处，裂片圆形或心形，下面密被毛。伞房式总状花序；花瓣5，白色，线状倒披针形；雄蕊10枚，5长5短；子房被长柔毛。荚果倒披针形，先端偏斜，幼时被短柔毛。生于山坡、灌丛中。分布于我国西南地区及陕西、甘肃、湖北、广西等省区。

用于风湿痹痛、睾丸肿痛、疝气腹痛、久咳盗汗、遗精、尿频、痢疾、腹泻、心悸失眠、瘰疬、湿疹、跌打损伤、疥癣、烫伤、痈肿疮毒。内服：15～30 g。外用适量。

筋骨疼痛：鞍叶羊蹄甲根15～30 g。泡酒服。

花型、叶型均美丽，具观赏价值。

● 鞍叶羊蹄甲

126. 云实（天豆、马豆、药王子、云实籽、阎王刺）

为豆科植物云实*Caesalpinia decapetala*（Roth）Alston的种子、根及叶。

攀援灌木。树皮暗红色，密生倒钩刺。托叶阔，半箭头状；二回羽状复叶，羽片柄基部有刺1对；小叶长圆形，先端微缺，被短柔毛。总状花序；花左右对称；花瓣5片，黄色，盛开时反卷。荚果近木质，短舌状，偏斜，稍膨胀，具尖喙，沿腹缝线膨大成狭翅，栗褐色，有光泽。生于平原、丘陵地、山谷及河边。分布于我国华东、中南、西南地区及河北、陕西、甘肃省。

种子用于痢疾、疟疾、慢性气管炎、小儿疳积、虫积。内服：9～15 g。根用于感冒发热、咳嗽、咽喉肿痛、牙痛、风湿痹痛、肝炎、痢疾、淋证、腰痛、夜盲症、痈疽肿毒、皮肤瘙痒、毒蛇咬伤。叶用于皮肤瘙痒、口疮、痢疾、跌打损伤、产后恶露不尽。茎及根中寄生的天牛及其近缘昆虫的幼虫（老姆木虫、阎王刺虫）用于劳伤、疹毒内陷、疳积。

1.疟疾：云实9 g。水煎服。

2.感冒：云实根9 g，紫苏9 g，香樟根9 g，姜3片，葱5棵。水煎服。

3.急性肝炎：云实根60 g，白马骨根、虎杖根、车前草各30 g。水煎，调白糖服。

云实为观赏树并作绿篱。

• 云实

127. 决明子（假绿豆、草决明）

• 决明

为豆科植物决明*Cassia obtusifolia* L.的种子。《神农本经》列为上品，谓其"主青盲、目淫、肤赤、白膜、眼赤通、泪出"。故名"决明"。

半灌木状草本。羽状复叶；小叶倒卵形或倒卵状长圆形，最下1～2对小叶间有一条形腺体。花瓣5片，黄色，倒卵形，基部有爪。荚果细长，近四棱形。种子多数，菱柱形，淡褐色，光亮，两侧各有1条线形斜凹纹。生于丘陵、路边、荒山、山坡疏林下。我国大部分地区有栽培。

含蒽酮类、甾醇类、脂肪酸类、氨基酸、无机元素、糖类、蛋白质、脂肪。

有抗菌、降脂、保肝、缓泻、促胃液分泌、降低高脂血症血黏度、抑制细胞免疫功能、抗血小板凝集、利尿、降压作用。

用于目赤肿痛、急性角膜炎、高血压、夜盲症、高脂血症、头痛头晕、视物昏花、肝硬化腹水、小便不利、习惯性便秘、肿毒、癣疾。内服：6～15 g。外用适量。脾胃虚寒及便溏者慎服。

1.急性角膜炎：决明子15 g，菊花9 g，谷精草9 g，荆芥9 g，黄连6 g，木通12 g。水煎服。

2.高脂血症：草决明12 g，山楂6 g，丹参12 g。水煎服。

近年来决明子的保健功能日益受到人们的重视，并开发出多种产品。决明子茶：决明子适量炒黄，研末，代茶饮；有助于大便通畅、明目、降压、调脂等。

● 紫荆

128. 紫荆皮

为豆科植物紫荆*Cercis chinensis* Bunge的树皮、根及果。

乔木或灌木。叶圆心形。花先叶开放；花冠蝶形，玫瑰红色，大小不等；雄蕊10枚；雌蕊1枚，子房具柄。荚果狭长方形，扁平，沿腹缝线有狭翅，暗褐色。生于山坡、溪边、灌丛中。分布于我国华北、华东、中南、西南地区及陕西、甘肃等省。

花含甙类、山柰酚、松醇。

树皮有抗炎、镇痛、解痉、抗病原微生物作用。

树皮用于月经不调、淤滞腹痛、风湿痹痛、鹤膝风、小便淋痛、喉痹、痈肿、疥癣、跌打损伤、蛇虫咬伤、狗咬伤。内服：6～15 g。外用适量。孕妇禁服。根用于妇女月经不调、淤滞腹痛、痈肿疮毒、痄腮、狂犬咬伤。花用于热淋、血淋、疮疡、风湿筋骨痛。果用于咳嗽多痰、哮喘、心口痛。

鹤膝风：紫荆皮15 g。老酒煎，候温常服。

紫荆花色艳丽，常常被种植于庭院、建筑物前及草坪供观赏。种子可制农药。木材纹理直，结构细，可作家具、建筑等用材。

129. 海桐皮

（钉桐皮、鼓桐皮、丁皮、刺桐皮、刺木通、鹦哥叶）

为豆科植物乔木刺桐*Erythrina arborescens* Roxb.的干皮、根皮、花及叶。

乔木。树皮有刺。三出复叶，小叶肾状扁圆形。总状花序腋生；花萼2唇形；花冠蝶形，红色，长达4 cm，翼瓣仅为旗瓣的1／4；雄蕊5长5短；子房有黄色毛。荚果梭状，稍弯，具喙。

生于山沟或草坡上。分布于四川、贵州、云南等省。

树皮含生物碱、攀登鱼藤异黄酮、海鸡冠刺桐素、菜豆素、甾醇类、氨基酸、有机酸。种子含油，油中饱和有机酸占36.7%，不饱和有机酸占63.3%，还含植物凝血素、生物碱。

干皮有镇痛、镇静、箭毒样、抗菌作用。

干皮用于风湿痹痛、肢节拘挛、跌打损伤、疥癣、湿疹。内服：6～12 g。外用适量。血虚者慎服。花用于外伤出血。叶用于小儿疳积、蛔虫症。

肝硬化腹水：鲜海桐皮30 g。炖猪骨服。

刺桐高大挺拔，枝叶茂盛，花红惹目，生长快，适合单植于草地或建筑物旁，亦可供公园、绿地及风景区美化用，又是公路及市街的优良行道树。木材色白轻软，可制木屐或玩具。

• 乔木刺桐

130. 龙牙花（象牙红）

为豆科植物龙牙花*Erythrina corallodendron* L.的树皮。

灌木或小乔木。树干、叶柄、小叶柄有刺。三出复叶，小叶菱状卵形，有时下面中脉有刺。总状花序腋生；花冠蝶形，红色，长可达6 cm，旗瓣椭圆形，先端微缺，较翼瓣、龙骨瓣长很多，均无爪；雄蕊10枚，二体；子房有长柄，被白色短柔毛。荚果在种间收缩。种子深红色，有黑斑。

有收缩中枢神经的作用。

用于胸胁胀痛、乳房胀痛、痛经、经闭。内服：9～18 g。

适于公园和庭院栽植，供观赏。

• 龙牙花

131. 淡豆豉（香豉、大豆豉、豆豉）

为豆科植物的大豆*Glycine max*（L.）Merr.的黑色种子经发酵而成。

草本，全株密生褐色长硬毛。三出复叶；小叶片菱状卵形。总状花序短阔，腋生；花冠蝶形，白色或紫色；雄蕊10枚，2体。荚果长圆形。种子近球形，种皮黄色、绿色或黑色。全国各地栽培。

种子含较丰富的蛋白质、脂肪和碳水化合物、胡萝卜素、维生素B_1、B_2、烟酸等。并含异黄酮类、大豆甙、染料木甙、大豆皂醇、胆碱、叶酸、泛酸、生物素、唾液酸、维生素B_{12}等。

用于外感表证、寒热头痛、心烦、胸闷、失眠。内服：5～15 g。外用适量。

1.痰饮头痛寒热、呕逆：淡豆豉15 g，制半夏9 g，茯苓12 g，生姜10片。水煎服。

2.咽喉肿痛、语声不出：淡豆豉20 g。水煎，徐徐服之。

中国是大豆的故乡，栽培历史已有5 000多年。大豆用途多样，营养价值高，是蛋白质最丰富、廉价的来源，为重要的油料、食用和饲料作物。除传统的加工产品，如豆奶、豆腐、豆芽、豆油、酱油等，现代工艺技术使大豆的用途更加多样化：豆油可加工成人造黄油、人造奶酪，还可作油漆、黏合剂、化肥、上浆剂、油毡、杀虫剂、灭火剂的成分；豆粉则制成多种食品以代替肉类。大豆异黄酮类属植物型雌激素，能减轻更年期症状和患心脏病和骨质疏松症的几率。实验证明，常吃豆粉的一组老鼠患乳腺癌比例较未吃者低。豆饼是优良饲料。由蛋白质加工成的新型大豆纤维，被称为“第八种纤维”，纺织出的布料，透气、保温、耐磨损，深受消费者欢迎。

• 大豆

132. 甘草（草根、红甘草、粉草、国老）

为豆科植物甘草*Glycyrrhiza uralensis* Fisch.的根和根状茎。《神农本草经》列为上品，因根味甜而得名。

草本。根粗壮，圆柱形，味甜，外皮红棕色或暗棕色。茎基部带木质，被白色短毛和刺毛状腺体。羽状复叶；小叶卵状椭圆形，两面被腺体及短毛。总状花序；花密集；花萼被短毛和刺毛状腺体；蝶形花冠，淡红紫；二体雄蕊。荚果条状长圆形，常密集，有时镰状或环状弯曲，密被棕色刺毛状腺体。生于干燥草原及阳坡。分布于我国东北、西北、华北地区及山东省。

含甘草甜素（即甘草酸）、甘草次酸。尚含少量甘草甙及有机酸、天冬酰胺、烟酸、生活素、挥发油、淀粉、甘露醇、葡萄糖等。

有解毒、抗炎、抗变态、祛痰、镇咳、抗溃疡、降低胃酸浓度、解痉、保肝、对抗乙酰胆碱、抗肿瘤、肾上腺皮质激素样作用。过量的甘草会使尿量及钠的排出减少，引起高血压及水肿。同时使过多血钾流失引起的低血钾症会致心律失常、肌肉无力。亦有报告指出服用甘草过量可影响脑部，使人出现嗜睡症状，引起视网膜或视神经血管收缩，影响视觉。

• 甘草

用于咽喉肿痛、咳嗽、脾胃虚弱、胃、十二指肠溃疡、肝炎、癔病、痈疖肿毒、药物及食物中毒。内服：1.5～9.0 g。不宜与甘遂、大戟、芫花、海藻同用。

传统医学将甘草作使药，用以调和诸药的功能。西医主要作为缓和剂。甘草也是人丹的主要原料之一。临床应用有“生用”与“蜜炙”之别。生用主治咽喉肿痛、痈疽疮疡、胃肠道溃疡以及解毒等；蜜炙主治脾胃功能减退、大便溏薄、乏力发热以及咳嗽、心悸等。

甘草广泛应用于食品工业，如糖果、蜜饯和口香糖中。甘草浸膏是制造巧克力的乳化剂，还能增加啤酒的酒味及香味，提高黑啤酒的稠度和色泽，制作某些软性饮料和甜酒、香烟矫味等。在化工、印染工业中也广有用途。

133. 含羞草（知羞草、怕羞草、喝呼草、惧内草、感应草）

为豆科植物含羞草*Mimosa pudica* L.的全草及根。轻触含羞草羽叶，立即闭合下垂，因之名“含羞草”。

• 含羞草

披散半灌木状草本，散生下弯钩刺及倒生刚毛。叶羽片通常4，指状排列；小叶10～20对，线状长圆形。头状花序具长梗；花小，淡红色；花冠钟形，4裂，裂片三角形；雄蕊伸出。荚果扁平弯曲，有喙，具刺毛。种子阔卵形。生于旷野、溪边、草丛或灌丛中。长江南北各地有栽培。

叶含收缩性蛋白质、三磷腺苷（ATP）、三磷腺苷酶、含羞草碱、含羞草甙、D-松醇、硒化合物、蛋白质、鞣质。种子含油约17%，性质似大豆油，另含谷甾醇、山萮酸、黏液质、硒化合物。根含血红蛋白和数种硒化合物。含羞草碱能轻度抑制碱性磷酸酶。饲料中含0.5%~1.0%的含羞草碱即可使大鼠或小鼠生长停滞、脱毛、白内障。

全草有抗菌、抗病毒、镇咳、祛痰、解痉作用。

全草用于感冒、小儿高热、支气管炎、肝炎、胃炎、肠炎、结膜炎、泌尿系结石、水肿、劳伤咳血、鼻衄、血尿、神经衰弱、失眠、疮疡肿毒、带状疱疹、跌打损伤、风湿痛。内服：15~30 g。外用适量。有小毒。孕妇禁服。根用于慢性气管炎、风湿疼痛、慢性胃炎、小儿消化不良、闭经、头痛失眠、眼花。

1.胃肠炎、泌尿系结石：含羞草15 g，木通10 g，海金沙10 g，车前草15 g。水煎服。

2.神经衰弱：含羞草30 g，远志9 g，酸枣仁9 g。水煎服。

含羞草羽叶秀美，一碰即闭合，使人感觉新奇，可散植于庭院墙角或作盆景。

134. 补骨脂（黑故子、破固子、川故子）

• 补骨脂

为豆科植物补骨脂*Psoralea corylifolia* L.的果实。

草本，全株被白色柔毛和黑褐色腺点。叶阔卵形，基部心形或圆形，边缘具粗锯齿。花多数密集成近头状的总状花序；花冠蝶形，淡紫色或黄色；雄蕊10枚，2体。荚果椭圆形，不开裂；果皮黑色，与种子粘贴。种子有香气。栽培或野生。分布于河南、山西、陕西、安徽、浙江、江西、湖北、广东、四川、贵州、云南等省。

果实、种子含香豆精类（补骨脂素、白芷素、花椒毒素、补骨脂定、异补骨脂定等）、黄酮类（紫云英甙）、单萜酚类（补骨脂酚）、挥发油、皂甙、多糖、类脂等成分。

有扩张冠状动脉、增加冠脉血流量、加强心肌收缩力、兴奋心脏、提高心率、抗肿瘤、促进皮肤色素沉着、光敏、抗病原体、平喘、保护白细胞、保肝作用。补骨脂素有抑制前列腺增生的作用，连续使用1～4周，可引起肾脏病变，1.0 mg/kg即可引起进行性肾损害。

用于功能失调性子宫出血、滑胎、小儿神经性尿频、足跟痛、颈椎病、痛经、小儿脱肛、带下、宫外孕、风寒湿痹、泌尿系结石、牙痛、疣、乳腺增生、慢性肺原性心脏病、白细胞减少、病态窦房结综合征、腰膝冷痛、阳痿滑精、前列腺增生、虚喘不止、脾肾两虚、大便久泻、白癜风、外阴白斑、斑秃、银屑病。内服：6～15 g；外用适量。阴虚内热者禁服。

白癜风、斑秃：补骨脂60 g，菟丝子60 g，栀子60 g。研细粉，用70%乙醇适量浸提，外涂患处。

135. 葛根（粉葛、葛）

为豆科植物野葛*Pueraria lobata*（Willd.）Ohwi的块根。

藤本，全株被黄褐色粗毛。块根圆柱状，肥厚，外皮灰黄色，内部粉质，

• 野葛

纤维性强。三出复叶；顶生叶片菱状圆形，有时浅裂，侧生小叶斜卵形。总状花序，花冠蝶形，蓝紫色或紫色。荚果线形，密被黄褐色长硬毛。生于山坡。除新疆、西藏外，全国大部分地区均有分布。

含异黄酮类化合物（大豆甙元、大豆甙、葛根素、大豆甙元）、三萜类、香豆素类、有机酸类、氨基酸类、微量元素等。

有抗心律失常、防止急性心肌梗死、扩冠、保护缺血心肌损伤、收缩和舒张平滑肌、降压、降血脂、保肝、解酒、改善视功能、防血栓、降低全血黏度、改善脑缺血缺氧症状、提高D-半乳糖致衰老小鼠的抗氧化能力、雌激素样作用。

用于心绞痛、心肌梗死、心律失常、冠心病、心力衰竭、椎基底动脉供血不足、急性脑梗死、骨质疏松症、妇女绝经后综合症、缺血性视神经病变、糖尿病并发症、急性酒精中毒、农药中毒、外感发热、头项强痛、温病口渴、泄泻、痢疾、高血压。内服：10～15 g。外用适量。

高血脂症：葛根30 g，太子参、生地、茵陈等各15 g，文火煎服。

根可提制食用淀粉。茎可代绳或用于编织，其纤维可制葛布。野葛中含有丰富的黄酮类物质和葛根素，女性常吃野葛食品能调理更年期综合症，并有助于预防骨质疏松。

136. 苦参（山槐、野槐）

为豆科植物苦参*Sophora flavescens* Ait.的根。

半灌木。根圆柱状，外皮黄白色。奇数羽状复叶互生，叶片披针形至线状披针形，背面密生平贴柔毛。总状花序顶生；花冠蝶形，淡黄白色；雄蕊花丝分离。荚果线形，不开裂，种间微缩，疏生短柔毛。种子黑色。生于沙地、山坡。分布于全国各地。

根含苦参碱、槐根碱、槐定碱、苦参新醇、苦参醇、苦参酮、苦参皂苷、大豆皂甙、蔗糖、二十四碳酸、β-谷甾醇、芥子酸十六酯、伞形花内酯等。

有抗心律失常、抗抑制免疫功能、利尿、祛痰、平喘、镇痛、抗过敏、抗肿瘤、抑制肝纤维化、抑制乙型肝炎病毒、抗病原微生物作用。

用于心律失常、心肌缺血、肿瘤、肝纤维化、湿热泻痢、肠风便血、黄疸、小便不利、水肿、带下、阴痒、疥癣、麻风、皮肤瘙痒、湿毒疮疡。内服：3～10 g。外用适量。脾胃虚弱者禁服。

1.皮肤湿疹、皮炎：苦参200 g，百部150 g，川椒60 g，蛇床子100 g，明矾10 g。煎水洗。

2.烫伤：苦参60 g，连翘20 g。共研细末，过80目筛，用麻油调涂患处。

苦参

137.酢浆草（三叶酸草、酸母草、小酸茅、酸味草）

为酢浆科植物酢浆草*Oxalis corniculata* L.的全草。

草本。茎细弱，常褐色，被柔毛。小叶3片，倒心形，先端凹，背面疏被毛。花单生或数朵组成伞形花序；花瓣5片，倒卵形，黄色。蒴果近圆柱形，略具5棱，有喙，熟时弹裂。生于荒地、田野、路旁。分布于全国大部分地区。

含抗坏血酸、草酸盐、乙醛酸、脱氧核糖核酸、牡荆素、异牡荆素、中性类脂化合物、糖脂、磷脂、脂肪酸、生育酚等。

有抗菌、收敛、利尿作用。毒性：同属植物毛果酢浆草能损伤家畜如牛的肾脏，使其血中非蛋白氮明显升高。

用于湿热泄泻、感冒发烧、咳喘、泌尿系统疾病、痢疾、黄疸型肝炎、失眠、带下、吐血、鼻出血、尿血、月经不调、跌打损伤、咽喉肿痛、痈肿疔疮、丹毒、湿疹、疥癣、痔疮、梅毒、麻疹、烫火伤、蛇虫咬伤。内服：9～15 g。外用适量。孕妇及体虚者慎服。

1.急性腹泻：鲜酢浆草60 g。冷开水半碗，擂汁，一次顿服。

2.扭伤、血肿、静脉炎、外伤感染：鲜酢浆草适量。加少许食盐，捣烂敷患处。

叶有强烈的酸味，可作沙拉和酱汁的调味料。据说美国土著用它来消除唇部的癌变。用根喂马可增加其生长速度。

酢浆草

138. 铜锤草（大酸味草、紫酢浆草、大老鸦酸、三夹道）

为酢浆草科植物红花酢浆草*Oxalis corymbosa* DC.的全草。

草本。根颈部有多数褐色小鳞茎聚生。叶基生；小叶3片，阔倒心形，先端凹缺。伞形花序；花瓣5片，倒披针形，淡紫红色，有深色条纹；雄蕊5长5短。蒴果角果状，具毛。我国大部分地区有栽培或野生。

用于跌打损伤、月经不调、慢性气管炎、扁桃体炎、牙痛、水泻、痢疾、慢性肾炎、肾盂肾炎、白带、淋浊、痔疮、疮痈、烧烫伤、小儿肝热、惊风。内服：15～30 g。外用适量。孕妇禁服。

1. 跌打损伤（未破皮者）：铜锤草30 g，小锯锯藤15 g。拌酒糟，包敷患处。

2. 蛇头疔：鲜铜锤草叶适量。和蜜捣烂，敷患处。

红花酢浆草花朵对光线反应敏感，在阳光下开放，傍晚或阴雨天闭合，花期长达7个月。在园林绿化中是极好的盆栽和地被植物。

• 红花酢浆草（上图） • 红花酢浆草花（下图）

139. 尼泊尔老鹳草（五叶草、老鹳草、五齿耙）

为牻牛儿苗科植物尼泊尔老鹳草*Geranium nepalense* Sweet的全草。

草本。茎细弱，蔓延，斜上升，常有倒生疏柔毛。叶对生，肾状五角形，3～5深裂，裂片宽卵形，边缘具齿状缺刻或浅裂，有毛。花瓣5片，淡紫红色，稍长于萼片。蒴果长约1.7 cm，有柔毛。生于潮湿山坡、田野。分布于我国东北、华北、西北、华中、西南地区。

含鞣质、黄酮（槲皮素、山柰酚）、有机酸（没食子酸、鞣花酸）、挥发油等。

有抗流感病毒、止咳、抗菌、降低丙谷转氨酶、抗氧化、抗诱变、抗癌、止泻、降血糖、孕激素样作用。

用于风湿痹痛、肌肤麻木、筋骨酸楚、月经不调、跌打损伤、泄泻、痢疾、疮毒、蛇虫咬伤。内服：9～15 g。外用适量。

痢疾：尼泊尔老鹳草60 g。水煎服。

• 尼泊尔老鹳草

140. 香叶（香艾、香葵、驱蚊草）

为牻牛儿苗科植物香叶天竺葵*Pelargonium graveolens* L'Herit.的全草。

• 香叶天竺葵

草本，全株密被淡黄色长毛，具浓厚香味。茎基部木质。叶宽心形至近圆形，近掌状5～7深裂，裂片分裂为小裂片，边缘有不规则齿裂。伞形花序；花瓣5片，玫瑰红或粉红色，有紫脉，上面2片较大。蒴果熟时裂开，果瓣上卷。我国各地栽培。

全草含挥发油，油中主要有芳樟醇、顺式玫瑰醚、异薄荷酮、香茅醇、牛儿醇、愈创木烯等。

有抗肿瘤、镇痛、抑菌、降低末梢血中T淋巴细胞数作用。挥发油对家兔股四头肌有很强刺激作用，对眼结膜作用也很明显。香葵精油中毒时，动物表现呆板，反应迟钝，在体内有弱蓄积作用。

用于风寒湿痹、关节疼痛、阴囊湿疹、疥癣、疝气。内服：9～15 g，鲜品30～45 g。外用适量。

1.风湿关节疼痛：香叶、老鹳草、石南藤、红牛膝、伸筋草各15 g。白酒500 g浸泡，每日服20 ml。

2.阴囊湿疹、疥癣：香叶30 g，藿香30 g，刺黄柏30 g。水煎浓汁，外涂患处。

香叶天竺葵可驱蚊，并有净化空气作用，是目前花市出售的主要“驱蚊草”之一。叶用于提取香精。

• 旱金莲

141. 金莲花（旱莲花、吐血丹、衡叶七）

为旱金莲科植物旱金莲*Tropaeolum majus* L.的全草。

攀援状肉质草本。根有时块状。叶柄盾状着生；叶片近圆形，长5～10 cm，边缘具波状钝角。花黄色或橘红色；萼片5片，基部合生，其中1片延长成为长距；花瓣5片，上面2片常较大，基部成爪状，近爪处边缘细撕裂状；雄蕊8，不等长。果实熟时分裂成3个小核果。

我国各地常栽培，广西、云南有时逸为野生。

种子含旱金莲甙；精油含旱金莲素（tropaeolin）。茎叶含异槲皮甙，绿原酸。花含山萘酚葡萄糖甙、多种类胡萝卜素。全草含木质素、旱金莲硫代葡萄糖甙。

有抗菌、扩张冠脉、增加冠脉流量、增加心收缩幅度、扩张血管作用。

用于目赤肿痛、支气管炎、结膜炎、毒疮、吐血、咯血。内服：鲜品15～30 g。外用适量。

目赤肿痛：金莲花、野菊花各适量。捣烂，敷眼眶。

旱金莲花色艳丽，花期特长，深受人们的喜爱，可作地被植物或盆栽供观赏。

142. 亚麻仁

（胡麻子、壁虱胡麻、胡麻仁、山脂麻、胡脂麻）

为亚麻科植物亚麻*Linum usitatissimum* L.的成熟种子。

草本。叶披针形或线状披针形。花腋生，柄细弱；花瓣5片，蓝色或白色，广倒卵形。蒴果近球形或稍扁；种子卵形，黄褐色，有光泽。全国各地栽培。

含脂肪油约30%～40%。尚含甾醇类、三萜类、亚麻苦苷、矿物质及黏液质。子叶及幼芽含苷、有机酸酯、碳键黄酮苷等。

有润滑、镇静、轻泻、清除体内重金属、缓和刺激作用。所含不饱和脂肪酸可用于预防和治疗高血脂症及动脉硬化症。

● 亚麻

用于麻风、咳嗽、血栓、皮肤干燥、瘙痒、脱发、疮痒湿疹、肠燥便秘、炎症、皮肤过敏、营养不良、动脉硬化、烫伤。内服：5～10 g。外用适量榨油涂。大便滑泄者禁服，孕妇慎服。不能过量服用。

1.皮肤干燥、起鳞屑：亚麻子、当归各90 g，紫草30 g。做成蜜丸。每服9 g，每日2次。

2.老年或病后体虚便秘：亚麻仁、当归、桑椹子各等分。研末为蜜丸。每服9 g，每日3次。

3.脂溢性脱发：亚麻仁、鲜柳枝各30 g。水煎服。

亚麻子在治疗癌症、红斑狼疮、肾移植排斥、高脂血症和风湿性关节炎等严重疾病方面显示出良好前景。亚麻子能提高肝脏、脑中DHA含量，可用于开发保健食品。茎含纤维坚韧，可制亚麻布和麻绳。种子冷榨油是近年来比较流行的食用油，热榨油则作绘画及工业用油。

143. 刺蒺藜（蒺藜子、白蒺藜子、三角刺）

为蒺藜科植物蒺藜*Tribulus terrestris* L.的果实。

草本，全株被绢丝状柔毛。偶数羽状复叶对生，不等大；小叶长圆形，背面被白色伏生丝状毛。花小，淡黄色；花瓣5片，倒卵形；雄蕊10枚，基部有鳞片状腺体。果实星状，每个果瓣具长短棘刺各1对，背面有短硬毛及瘤状突起。生于荒坡、田边及田间。分布于全国各地。

果实含脂肪酸、皂甙类、黄酮类、生物碱类、甾醇类、蛋白质及氨基酸类。

有抗血栓、抗心肌缺血、抗衰老、抗氧化、降血糖、降低动脉粥样硬化、改善血液流变性、减少血小板聚集、抗心肌缺血、促性腺激素样作用。可抑制迟发型变态反应及乳腺癌癌变。

用于心肌梗塞、风湿性关节炎、抑郁症、糖尿病、脑血管障碍（淤血型）头痛、眩晕、暑湿伤中、呕吐泄泻、鼻塞流涕、胸胁胀痛、经闭、目赤翳障、风疹瘙痒、白癜风、疮疽、瘰疬。内服：水煎，6～12 g。外用：适量，煎水洗，或研末调敷。血虚气弱者及孕妇慎服。

手部脱屑发痒症：刺蒺藜、生甘草各100 g。用75%乙醇300 ml浸泡，7日后过滤，外涂患处。

• 蒺藜

蒺藜有较强的生理活性，为传统的平肝类中药。国外从蒺藜开发出性强壮药Tribestan，抗动脉粥样硬化药Tribusponin。我国开发制剂主要为“心脑舒通”（蒺藜茎叶总皂甙）。

144. 枳壳

为芸香科植物酸橙*Citrus aurantium* L.未成熟的果实。

酸橙

常绿小乔木。枝三棱形，有长刺。叶柄有狭长形或狭长倒心形的翼；叶片倒卵状椭圆形或卵状长圆形，具半透明油点。花芳香；瓣5片，白色，长椭圆形。柑果近球形，熟时橙黄色；味酸。我国长江流域以南各地栽培。

含有挥发油、黄酮苷、生物碱、维生素C等成分。

有促胃动力、预防胃溃疡、增加冠脉和肾血流量、降低心肌耗氧量、升压、强心、利尿、兴奋子宫、扩张气管和支气管、抗菌、抗炎、抗癌、抗血栓作用。种子油可降胆固醇。

用于胸膈痞满、胁肋胀满、食积不化、胆结石、脘腹胀满、下痢后重、脱肛、子宫下垂。内服：3～9 g。外用适量。孕妇、风湿和偏头痛的人慎服。多食伤肝。

慢性胃炎、痞闷饱胀：枳壳、小茴香（炒）、石菖蒲根各30 g，烧酒1 kg。浸泡10日后，饭后适量饮服。

历史上枳壳来源有多种，宋代以前使用的枳壳为枸橘*Poncirus trifoliata* (L.) Raf的干燥成熟果实，明清以后为酸橙*Citrus aurantium* L.的未成熟果实。现今，枳壳主流品种的原植物来源于芸香科酸橙及其栽培变种，其他同属植物和枸橘只在少数地区作为枳壳、枳实的来源。

柑橘属果实、果汁和果皮可为食品和饮料作添加剂。从果皮中提炼的精油可使食品、化妆品和香料具特殊香味。种子油用做制肥皂。酸橙花油用于香水和芳香疗法，有助于消除焦虑和抑郁症状；叶和嫩枝可提取点火用的次晶粒油。

• 枸橘

145. 柚（柚、气柑、橙子）

为芸香科植物柚*Citrus grandis*（L.）Osbeck的果皮、果实、花、叶及根。

乔木。小枝有刺。叶宽卵形至椭圆状卵形，边缘有钝锯齿；叶柄有倒心形宽翅。花瓣4片，白色，椭圆形，反曲；雄蕊20～25枚，花药大，条形。柑果球形至扁球或梨形。直径10～25 cm，淡黄色。

我国长江以南各省区广泛栽培。

果皮含柑皮甙、枳甙、新橙皮甙、柚皮素及挥发油、生物碱、蛋白质、脂肪、碳水化合物、胡萝卜素、维生素、矿物质。种子含柠檬苦素、黄柏酮等。

果皮又名五爪红、化橘红。用于气郁胸闷、脘腹冷痛、食积、泻痢、咳喘、疝气。内服：6～9 g。果实用于饮食积滞、食欲不振、醉酒。核用于疝气、肺寒咳嗽。花用于胃脘胸膈胀痛。叶用于头风痛、寒湿痹痛、食滞腹痛、乳痈、扁桃体炎、中耳炎。根用于胃脘胀痛、疝气疼痛、风寒咳嗽。

喉痒咳嗽、多痰色白：柚子皮9 g，冰糖少许。隔水炖汁服。

柚子为亚热带主要果树之一。花、叶、果皮可提取芳香油。

●柚

146. 橘（黄橘、红橘、橘柑、柑子）

为芸香科植物橘*Citrus reticulata* Blanco及栽培品种的成熟果皮。

• 橘

常绿小乔木或灌木。枝有刺。叶柄有窄翼，顶端有关节；叶片披针形或椭圆形，全缘或波状，有半透明油点。花瓣5片，白色或淡红色，开时反卷。柑果近圆形，果皮薄，易剥离，囊瓣柔软多汁。种子卵圆形，白色，一端尖。我国南方多栽培。

果皮含挥发油1.198%～3.187%（主成分为柠檬烯）、黄酮类、β－谷甾醇、柠檬苦素、辛弗林等。果肉含糖、有机酸、矿物质和维生素C。

果皮有扩冠、增加心脏收缩力及冠脉流量、抗炎、抗过敏、抗菌杀虫、祛痰、抗氧化、延缓衰老作用。挥发油对胃肠道有温和的刺激作用，可促进消化液分泌，排除肠管内积气。种子有解热、抑菌作用。

果皮（陈皮）用于脾胃滞阻、胸膈满闷、脘腹胀痛、食滞呃逆、呕吐、泻痢、咳喘痰多、气滞、癥瘕积聚、疝气。内服：3～10 g。气虚证、阴虚燥咳、吐血证及舌赤少津、内有实热者慎服。橘成熟果皮的外层红色部分称橘红。种子（橘核）用于乳腺炎、疝痛、睾丸肿痛。自行落地的幼果（青皮）对创伤性休克、输血性休克、中药肌松剂性休克、内毒素性休克、麻醉意外和催眠药中毒有治疗作用。叶用于乳腺炎、肋痛。果皮的筋络（橘络）用于咳嗽痰多、胸肋痛。

1.咳嗽痰多：陈皮、制半夏、茯苓各9 g，甘草6 g，生姜3 g。水煎服。

2.溃疡性结肠炎：陈皮15 g，干荷叶10 g，砂仁2 g。水煎服。

我国柑橘的栽培品种较多，果皮均可作陈皮入药。道地药材又分广陈皮（主产广东新会、四会、潮汕）、川陈皮（主产重庆江津一带）、建陈皮（福建）。古人认为陈皮“陈者为良”。以陈皮苷、挥发油含量为指标，发现储存时间加长则陈皮中挥发油的含量逐渐降低，而陈皮苷的含量则逐渐增大。

果实称橘子，常见水果之一，亦广泛应用在糖果、点心、蜜饯和烹调方面。

147. 代代花（壳花、回青橙、青橙、玳玳—春橙）

为芸香科植物代代花*Citrus aurantium* L. var *amara* Engle.的花蕾。本品果实可在树上留存几年，数代果实常同生于一株植物上，即代代生续，故有“代代”之称。

灌木或小乔木。小枝疏生短棘刺。叶革质，圆形至卵状长圆形，边缘具微波状齿，上面有半透明油腺点。花瓣通常5片，长圆形，白色；雄蕊花丝基部连合成数束。柑果橘红色（留在树上至次年夏间又转为污绿色），径7～8 cm。我国南部各地有栽培。

果皮含挥发油约0.5%～2.0%、黄酮类、有机酸、糖类。种子含脂肪油约18%。

用于胸中痞闷、脘腹胀痛、不思饮食、恶心呕吐。内服：1.5～2.5 g；或泡茶。

胸腹胀满：代代花适量。沸水冲泡代茶饮；或代代花、玫瑰花、厚朴花各3 g。水煎服。

花香味浓郁，可提取芳香油。是庭院和室内摆设的优美盆栽花卉，花和白兰、茉莉一样，可供窨制花茶。果实又名回青橙、玳玳，近成熟的果实是中药枳壳的一种。

• 代代花果（上图） • 代代花花（下图）

148. 吴茱萸（食茱萸、茶辣、气辣子）

为芸香科植物吴茱萸*Evodia rutaecarpa*（Juss.）Benth.未成熟的果实、根及叶。

• 吴茱萸

常绿灌木或小乔木，被锈色绒毛。羽状复叶；小叶5～9片，椭圆形至卵形，有明显的油点。雌雄异株；聚伞圆锥花序顶生；花轴粗壮；花瓣5片，白色，长圆形，退化雄蕊鳞片状。果实扁球形，蓇葖果状，紫红色，表面有粗大油腺点；种子黑色，有光泽。多栽培。分布于陕西、甘肃、安徽、浙江、福建、台湾、湖北、湖南、广东、广西、重庆、四川、贵州、云南等省市。

果实含挥发油、生物碱（吴茱萸碱等）、茱萸苦素、黄酮类等。树皮含吴茱萸内酯。叶含去氢吴茱萸碱。

有抗实验性胃溃疡、抗乙酰胆碱和氯化钡引起的胃条痉挛性收缩、镇痛、保肝利胆、强心、改善正常家兔球结膜微循环、抗血栓、利尿、抑菌、杀虫、细胞毒作用。

果实用于脘腹冷痛、厥阴头痛、疝痛、痛经、脚气肿痛、呕吐吞酸、寒湿泄泻。内服：2～5 g。外用适量。不宜多服久服，无寒湿滞气及阴虚火旺者慎服。根用于脘腹冷痛、泄泻、痢疾、风寒头痛、经闭腹痛、寒湿腰痛、疝气、蛲虫病、小儿疳疮。叶用于霍乱转筋、心腹冷痛、头痛、疮疡肿毒。

1.高血压：吴茱萸粉适量。调醋，分敷两侧足心，盖薄膜，固定。

2.牙齿疼痛：吴茱萸适量。煎酒，含漱。

吴茱萸为温中止痛的必用药，临床上常用来治疗心血管系统疾病、消化系统疾病、生殖系统疾病以及口腔溃疡等疑难杂病，有较好的疗效。

149. 川黄柏（檗皮、黄檗）

为芸香科植物秃叶黄皮树*Phellodendron chinense* var. *glabriusculum* Schneid.的树皮及果实。

乔木。树皮棕褐色，可见椭圆形皮孔。奇数羽状复叶对生；叶轴及叶柄无毛；小叶长圆状披针形，近全缘，叶背无毛或沿叶脉两侧至少在叶中部以下被疏柔毛。雌雄异株，圆锥花序；花紫色；雄花有雄蕊5～6枚，长于花瓣；子房上位，5室，柱头5浅裂。果轴粗，常密被短毛；浆果状核果近球形，熟后黑色。生于疏林中或沟边、路旁。分布湖北、重庆、湖南等省市。

树皮含生物碱（小檗碱、黄柏碱、木兰花碱等）、β-谷甾醇。果实含挥发油。

树皮有抗病原微生物、抗病毒、抗原虫、降血压、降低心肌耗氧量、抗心律失常、降血糖、抗血小板凝集、保护血小板、抗肾炎、抗胃癌细胞、清除氧自由基、抗脂质过氧化、抑制应激性胃溃疡、光敏、提高免疫功能、祛痰、镇咳作用。果实有镇咳作用。

树皮用于菌痢、泄泻、肝炎、盗汗、梦遗、淋浊、带下、肺结核、风湿性关节炎，以及口舌生疮、目赤肿痛、痈疽疮毒、皮肤湿疹。内服：6～15 g。外用适量。脾虚泄泻、胃弱食少有者禁服。

● 秃叶黄皮树

1.痈肿疔疮：黄柏20 g，黄芩20 g，黄连10 g，栀子8 g。研细粉，外用。

2.流行性结膜炎：50%黄柏煎液，洗眼5分钟。

国家二级重点保护野生植物。

150. 芸香（臭艾、小香草、荆芥七）

为芸香科植物芸香*Ruta gravcolens* L.的全草。

木质草本，有强烈刺激气味，各部无毛但多腺点。叶灰绿色，二至三回羽状全裂至深裂；裂片倒卵形或匙形。聚伞花序；花金黄色；花瓣4～5片，边缘撕裂状；花盘有腺点。蒴果。种子有棱，种皮有瘤状凸起。生于林缘向阳处，常栽培。分布于我国南方各省区。

全草含挥发油。叶含芸香碱、香草木宁碱、茵芋碱、东莨菪素、伞形花内酯、花椒毒素等。根含芸香吖啶酮氯、花椒树皮素等。

• 芸香

有解痉、促血液凝固、抗炎、抑菌、抗组胺、杀灭钉螺作用。

用于小儿高热惊风、高血压、癫痫、腹痛、痛经、闭经、牙痛、跌打损伤、热毒疮疡、小儿湿疹。内服：9～15 g。外用适量。叶为兴奋剂，会导致流产，孕妇禁服。

感冒发烧、肝热头痛、目眩：鲜芸香30 g。捣烂，绞汁，冲开水服。

叶味苦，富含铁质和矿物质，少量加入食物、饮料和酒中，可增加麝香气味。叶的浸泡液用来洗眼睛可消除疲劳。干叶是强力杀虫剂及伤口抑菌剂。挥发油用于香料工业。

竹叶椒

151. 竹叶椒（野花椒、土花椒、狗花椒、臭花椒）

为芸香科植物竹叶椒*Zanthoxylum armatum* DC.果实、根及叶。

灌木或小乔木。枝有扁刺。羽状复叶；叶轴有翅；小叶3～9片，长圆状披针形。聚伞圆锥花序；花小，黄绿色，单性；花被6～8片。蓇葖果红色，有大而凸的腺点。种子黑色，卵形。生于疏林或灌木丛中。分布秦岭以南各省区。

果实含挥发油。根含生物碱（白鲜碱、茵芋碱）。种子含脂肪油。

果实有抑菌、镇痛作用。

果实用于脘腹冷痛、胃寒呕吐泄泻、蛔虫病。内服：3～6 g。有小毒。根用于黄疸型肝炎、肾炎水肿、腹冷痛、风湿性关节炎、牙痛；肌注用于胆道疾患、胃与十二指肠溃疡、肠痉挛、手术后疼痛。叶用于跌打损伤、腰肌劳损、乳腺炎、疖肿、毒蛇咬伤、皮肤瘙痒。

胃寒痛：竹叶椒6 g，生姜9 g。水煎服。

果皮可代花椒作调味品用。

• 臭椿

152. 臭椿皮（椿根皮、樗白皮、苦椿皮）

为苦木科臭椿属植物臭椿*Ailanthus altissima*（Mill.）Swingle的根皮、树皮或果实。

乔木。嫩枝赤褐色。奇数羽状复叶，揉之有臭味；小叶卵状披针形，基部常有1～2对粗锯齿，齿端背面有1腺体。圆锥花序顶生；花杂性，白色带绿。翅果长圆状椭圆形。生于沟边或杂木林中。分布于全国各地。

树皮含臭椿苦酮、臭椿苦内酯、苦木素等。根皮含臭椿苦内酯、苦楝素、脂肪油及鞣质等。种子含油。

根皮有抗癌、杀阴道滴虫、抑菌作用。

根皮用于泄泻、痢疾、泌尿系统感染、关节疼痛、崩漏、湿热带下、痔疮出血、蛔虫症、疮癣、湿疹、疖肿、白血病、癌症。内服：6～9 g。果实用于胃痛、便血、尿血。

膀胱炎、尿道炎：臭椿根白皮12 g（鲜品45 g），鲜车前草60 g。水煎服。

韩国学者发现臭椿茎皮对HIV-1有显著抑制作用。茎皮含树胶。叶可饲春蚕，浸出液可作土农药。种子含油30%～37%，为半干性油，可作精密仪器润滑油或食用，残渣可作肥料。臭椿树干通直高大，春季嫩叶紫红色，是良好的观赏树和行道树。生长快，亦为良好的造林和用材树种。

153. 橄榄（青果、甘榄、青榄）

为橄榄科植物橄榄*Canarium album*（Lour.）Raeusch的果实及根。

乔木。奇数羽状复叶互生，小叶长圆状披针形，下面脉上具小疣点。雄花序聚伞圆锥状，多花；雌花序总状。核果卵形，长约3 cm，初时黄绿色，后变黄白色，两端锐尖。生于杂木林中或栽培。分布于福建、台湾、广东、海南、广西、四川、贵州、云南等省区。

果实含滨蒿内酯、东莨菪酯、没食子酸、蛋白质、脂肪、碳水化合物、钙、磷、铁等。种子含油量为7%～8%，主要为香树脂醇及挥发油等。

果实有保肝、抗HBsAg作用。叶提取物对肿瘤坏死因子生成和β－氨基己糖苷酶释放有抑制作用。

果实用于咳嗽痰血、咽喉肿痛、暑热烦渴、醉酒、鱼中毒。内服：6～12 g。外用适量。不宜多服，脾胃虚寒及大便秘结者慎服。根用于风湿骨痛、手脚麻木。鲜果汁用于河豚、鱼、鳖中毒。

咽喉炎：橄榄（去核）、桔梗、生寒水石、薄荷各124 g，青黛、硼砂各24 g，甘草62 g，冰片4 g。共研末，为蜜丸。每服3 g，每日2次。

果实含有丰富的蛋白质、钙及维生素C等，可供鲜食或加工，是著名的亚热带特产水果。橄榄原产中国。人们将橄榄称为“天堂之果”，在希腊神话中，众神赠给人类最宝贵的礼物是橄榄枝。

● 橄榄

154. 千金子（千两金、拒冬子、千斤药解、小巴豆）

为大戟科植物续随子*Euphorbia lathyris* L.的种子。

草本，全株含乳汁。茎二歧分枝。叶线状披针形至阔披针形，基部半抱茎。杯状聚伞花序顶生，基部轮生叶状苞片2～4片，每伞梗再叉状分枝；花单性，无花被；雄花多数和雌花1枚同生于萼状总苞内，腺体新月形，两端具短而钝的角。蒴果近球形。种子长圆状球形，表面有黑褐色相间的斑点。栽培或野生山谷、旱田中。分布于我国东北、华北、华东、华南、华中和西南地区。

含油48%，油中含多种不饱和脂肪酸。另含β－谷甾醇、甲烯大戟醇、γ－大戟甾醇、双香豆素类、芸香素、秦皮素、千金子素等。

种子的脂肪油对胃肠有强烈的刺激，产生峻泻作用。可能有致癌作用。

用于水肿、腹水、二便不利、癥瘕淤滞、经闭、疥癣癞疮、痈肿、毒蛇咬伤及疣。内服：制霜入丸、散，1～2 g。外用适量。体弱便溏者及孕妇禁服。

水肿：续随子霜20 g，大黄12 g。研为末，为丸绿豆大，每服服12丸。

千金子油可制肥皂和润滑油；近年国外已将该种的油作为汽油的代用品研究并取得进展。

● 续随子

• 一品红

155. 一品红（圣诞树、状元红）

为大戟科植物一品红*Euphorbia pulcherrima* Willd. *ex* Klotz.的全株。

灌木。叶卵状椭圆形或披针形；生于上部的叶较狭，开花时朱红色。杯状花序多数，顶生；总苞坛形，边缘齿状分裂，有1～2个大而黄的腺体；腺体杯状，无花瓣状附属物；花柱3枚，2裂。蒴果。我国各地栽培。

全草含植物甾醇、β－香树脂素乙酸酯、环木菠萝烯醇、计曼尼醇、计曼尼醇乙酸酯。

用于月经过多、跌打肿痛、骨折、外伤出血。内服：3～9 g。外用适量。有毒。

外伤出血、骨折：一品红鲜叶适量。捣烂，敷患处。

变色型观叶植物。

156. 麻疯树（小桐子树、青桐木、亮桐）

为大戟科植物麻疯树*Jatropha curcas* L.的树皮及叶。

• 麻疯树

灌木或小乔木。叶圆心形，不分裂或3～5浅裂。雌雄同株；二歧聚伞花序腋生；花小，黄绿色，萼片、花瓣、腺体各5枚；雄花花瓣披针状椭圆形，长于萼片1倍；雄蕊10枚，二轮，花丝合生；雌花萼片长圆形，基部2枚稍狭。蒴果卵形，黄色。生于平地、山坡灌丛中，有栽培。分布于福建、台湾、广东、海南、广西、四川、贵州、云南等省区。

茎枝和叶含烷醇、β-谷甾醇葡萄糖甙、α-香树脂、豆甾醇、菜油甾醇等。鲜叶含牡荆素、异牡荆素、β-芹菜素。种子含脂肪油约59.68%，油中亦含麻疯树毒素。

种子油有峻泻作用，与巴豆相似。榨油后的渣饼含毒性蛋白，对血液有害，可致中毒。种子有止血成分。

用于跌打淤肿、骨折、麻疯、疥癣、湿疹、癞头疮、下肢溃疡、脚癣、阴道滴虫、退烧。有毒，不宜内服。外用适量。

跌打淤肿、创伤出血：麻疯树鲜叶适量。捣烂，敷伤出。

麻疯树果实有大毒，用于头癣，麻疯溃疡，阴道滴虫；外用适量。在南美洲用果实来避孕。种子油用于外伤出血、烧伤、疱疹、湿疹和金钱癣、毒鼠药，亦可作油灯燃料及制作肥皂和蜡烛，有望开发成汽油的代用品。叶可提染料。民间解麻疯树中毒法为：服蜜糖、黄糖、甘草水或盐水。

157. 叶下珠（假油柑、叶后珠、叶底珠、疳积草、夜盲草）

为大戟科植物叶下珠*Phyllanthus urinaria* L.的带根的全草。

草本。茎常带紫红色。叶互生，2列，几无柄，长椭圆形，下面叶缘处有1～3列粗短毛。花小，雌雄同株；无花瓣；萼片6片；雄蕊3枚，花丝合生成柱状；花盘四角状，腺体6枚。蒴果扁圆形，赤褐色，表面有鳞状凸起物。种子三角状卵形，淡褐色，有横纹。生于山坡、路旁、田边。分布于我国南方各地。

含正十八烷、十八碳烯酸乙酯、丁二酸、β-谷甾醇、原儿茶酸、鞣花酸、没食子酸、阿魏酸、鞣料云实精、老鹳草素、叶下珠素F。

● 叶下珠

有保肝降酶、预防原发性肝癌发生、抗血栓形成、抗单纯性疱疹病毒、抗HBV作用。

用于痢疾、泄泻、肝炎、水肿、热淋、石淋、目赤、夜盲、疳积、痈肿、毒蛇咬伤。内服：10～30 g。

1．痢疾：叶下珠、马齿苋、铁苋菜均鲜品各15～30 g。水煎服。

2．肝炎：叶下珠10～20 g。水煎，取汁，加甜酒60 ml，分2次服。

不同产地、不同品种叶下珠抗HBV的作用不一。同一产地不同采收期的鞣料云实精含量相差也较大。1988年，印度学者Thyagarajan报告苦味叶下珠（*P. amarus* L.）治疗乙肝病毒携带者，可使59%患者的乙肝表面抗原(HBsAg)转阴，引起了世界各国广泛的关注。目前，国内外已开发出多种治疗乙肝的制剂。

158. 木油桐（千年桐、皱桐、广东油桐）

• 木油桐

为大戟科植物木油桐*Vernicia montana* Lour.的叶、根、种子。

乔木。叶圆形或阔卵形，基部心形或截平，全缘或3～5中裂。花白色或有红色脉纹，雌雄异株，偶有同株；雌花序常圆锥状；萼2～3裂。核果，果皮脆壳质，不开裂，球形，扁圆形或三角状卵圆形。多生于阳光充足的地方。分布于我国南部。

种子含脂肪油。树皮含鞣质。

根用于蛔虫病、食积腹胀、风湿筋骨痛。内服：9～15 g。花、种子油用于烫火伤。叶用于疮痈、疥癣。外用适量。有毒。

疥癣：木油桐鲜叶适量。捣烂，敷患处。

作园景树或行道树。

159. 清香木（细叶楷木、香叶子、驱蚊草）

为漆树科植物清香木*Pistacia weinmannifolia* Poiss.的叶及树皮。木本植物，气味清香，故名“清香木”。

灌木或小乔木，幼枝被灰黄色微柔毛。羽状复叶；叶轴具狭翅；小叶4～9对，革质，长圆形或倒卵状长圆形，一般较小，先端微缺，具芒刺状硬头，基部略不对称，全缘；小叶柄极短。雌雄异株；花小，无花瓣；雄花萼片1～5，粉红色；雌花萼片2～5。核果球形，熟时红色，有网纹。生于山坡、河谷地带林中。分布于云南、四川省。

叶含挥发油。

叶有抗肿瘤活性。

叶用于痢疾、肠炎、疮疡湿疹。内服：9～15 g。外用适量。树皮用于外伤出血。外用适量。

外伤出血：清香木树皮适量。研末，撒伤处。

树形美观，果红色，为园林常见盆景植物和观果植物。叶民间用作香料。皮、叶可提取芳香油。茎干用于制作生活用品。清香木耐干旱瘠薄，根系发达，抗性强，是干热河谷造林绿化先锋树种，也是该地区主要薪炭用材。种子可榨油。清香木散发出来的味道有驱逐苍蝇、蚊子作用，是目前花市出售的主要“驱蚊草”之一。

• 清香木

160. 五倍子（百虫仓、文蛤、漆倍子、木附子、棓子）

为漆树科植物盐肤木*Rhus chinensis* Mill.树上寄生昆虫角倍蚜或倍蛋蚜形成的虫瘿。

盐肤木为灌木或小乔木。奇数羽状复叶，叶柄有翅；小叶卵形至卵状椭圆形，边缘有粗齿，下面具棕褐色柔毛。圆锥花序顶生，杂性，广卵形；花瓣5片，乳白色。核果近扁圆形，红色。生于石灰岩灌丛、疏林中。除新疆、青海外全国均有分布。

虫瘿含五倍子鞣质50%～80%、没食子酸2.5%、脂肪、树脂、蜡质、淀

● 盐肤木（上图） ● 盐肤木果（下图）

粉、有机酸等。叶含槲皮甙、没食子酸甲酯、并没食子酸、盐肤木酸。根、茎含黄酮甙元、没食子酸、槲皮素、β-谷甾醇。

有收敛、止血、抗炎、杀精子、抗菌、抗病毒、抗肿瘤、抗突变、抗脂质过氧化、抗衰老作用。

用于肺虚久咳、自汗盗汗、久痢久泻、咽炎、扁桃体炎、齿龈炎、脂溢性头皮炎、脱肛、遗精、白浊、遗尿、子宫脱垂、各种出血症、湿疹、脚癣、痔疮、痈肿疮疖。内服：3～10 g。外用适量。外感风寒或肺有实热之咳嗽，以及积滞未清之泻痢者禁服。五倍子含鞣酸，食物和饮料中含少量是无害的，但大量则可延缓蛋白质吸收，甚至可引起腹痛、呕吐、下泻或便秘。

1.肺虚久咳：五倍子6 g，五味子6 g，罂粟壳6 g。水煎服。

2.脂溢性头皮炎：五倍子90 g。煎水，头发洗净后，用此水泡洗擦干。

盐肤木根用于风湿痹痛、水肿、咳嗽、跌打肿痛、乳腺炎、癣疮。果实用于痰嗽、喉痹、黄疸、盗汗、痢疾、顽癣、痈毒、头风白屑。叶用于痰嗽、便血、血痢、盗汗、痈疽、疮疡、湿疮、蛇虫咬伤。花用于疮疡。根皮用于黄疸、水肿、风湿痹痛、小儿疳积、疮疡肿毒、跌打损伤、毒蛇咬伤。去掉栓皮的树皮用于血痢、痈肿、疮疥、蛇犬咬伤。

五倍子是我国特产，商品有角倍类、肚倍类、倍花类。为重要的工业原料，广泛用于制革、食品、航天、制药等行业。现代研究表明，收敛性是五倍子鞣质多种生理活性的基础，对抗HIV的研究也得到类似的结果。五倍子油对糖尿病有一定的疗效，新药五倍子油胶囊2000年被批准上市。五倍子是中国古代的染色材料，也是染剂和黑色墨水的材料。

161. 岗梅根（秤星树、乌皮柴、假青梅）

为冬青科植物梅叶冬青*Ilex asprella*（Hook.*et* Arn.）Champ.*ex* Benth.的根及叶。

灌木。叶卵形或卵状椭圆形，顶端尾状，边缘有钝锯齿。雌雄异株；花白色，4～5数；花梗纤细，果熟时延长至3 cm。果球形，紫黑色。生于灌丛中。分布于我国华东、华南地区及湖南省。

叶含熊果酸约0.03%。根干含鞣质。

根水溶液有增加冠脉流量及加强心肌收缩力作用。

根用于感冒中暑、冠心病、咽喉肿痛、头痛、头晕、热病烦渴、肺痈、痧气、热泻、百日咳、痔血、淋病、疔疮肿毒、跌打损伤、砒霜及菌类中毒。内服：30～60 g。外用适量。叶鲜用，用于感冒、跌打损伤、痈肿疔疮。全株用于消化不良、口腔炎、肺热咳嗽、咽喉痛。

1.感冒：岗梅根、卤地菊各30 g，生姜3 g。水煎服。

2.眩晕：岗梅鲜根60 g，臭牡丹根30 g。水煎服。

本品为广东凉茶中的主要原料之一。

• 梅叶冬青

162. 枸骨叶（功劳叶、十大功劳、角刺茶、猫儿刺）

为冬青科植物枸骨*Ilex cornuta* Lindl. *ex* Paxt.的叶、根皮及果实。

小乔木或灌木。叶硬革质，长椭圆状四方形或椭圆形，具硬刺齿或全缘。雌雄异株或偶为杂性花；花黄绿色，4数；花瓣倒卵形至长圆形。核果浆果状，球形，熟时鲜红色；分核骨质。生于山坡、灌丛中、疏林下及路边。分布于河南、陕西、甘肃、江苏、安徽、浙江、江西、湖北、湖南、广东、广西、四川等省。

枝、叶含咖啡碱、羽扇豆醇、熊果酸、胡萝卜苷、地榆糖苷、苦丁茶苷及其糖脂等。叶尚含皂苷、新木脂体、齐墩果酸糖苷和能促进前列环素12（PG19）形成的物质。

有增加冠脉流量、加强心肌收缩、避孕作用。

叶用于阴虚劳热、咳嗽咯血、头昏目眩、腰膝酸软、风湿痹痛、白癜风。内服：9～15 g。外用适量。脾胃虚寒及肾阳不足者禁服。根皮用于风湿痛、肝炎、腰肌劳损。果实用于白带、慢性腹泻。

肺痨：枸骨嫩叶30 g。烘干，开水泡，当茶饮。

目前许多地区广泛使用的苦丁茶多为枸骨嫩叶的加工品。

• 枸骨

163. 鬼箭羽（鬼见羽、四方柴、八树）

为卫矛科卫矛*Euonymus alatus* (Thunb.) Sieb.具翅状物枝条或翅状附属物。

• 卫矛

灌木。小枝通常四棱形，棱上常具木栓质扁条状翅。叶椭圆形至宽披针形，边缘有细锯齿。聚伞花序腋生；花小，淡黄绿色，4数；花瓣近圆形，边缘有时微波状；花盘肥厚。蒴果椭圆形，绿色或紫色。种子椭圆形，淡褐色，外被橘红色假种皮。生于山坡、沟边。分布于我国东北地区及河北、陕西、甘肃、山东、江苏、安徽、浙江、湖北、湖南、四川、贵州、云南等省。

主要含黄酮类及甾类成分。还含草酰乙酸钠、香橙素、d-儿茶素、去氢双儿茶素A等。

有加大心肌收缩力（大剂量作用相反）、增强冠脉血流量、降低心肌耗氧量、保护急性心肌缺血、抗静注氯化钾引起心律失常、减慢心率、降压、降血糖、降血脂、镇静、抗癌作用。能抑制DTH效应（早、晚期）。

用于肺源性心脏病、冠心病、支气管哮喘、糖尿病、慢性肝炎、肝硬化腹水、慢性胆囊炎、子宫肌瘤、过敏性疾病、慢性粒细胞白血病、心腹疼痛、闭经、痛经、崩中漏下、产后淤滞腹痛、恶露不下、疝气、历节痹痛、疮肿、跌打伤痛、虫积腹痛、烫火伤、毒蛇咬伤。内服：6～12 g。外用适量。孕妇、气血虚弱者慎服。

漆性皮炎：鬼箭羽枝叶、白果叶等量。煎水外洗。

通过对各部位总黄酮的含量测定，发现叶与翅含量高达6%以上，因而可考虑用翅和叶，既利于生态的保护，又不造成资源的浪费。近年用鬼箭羽治疗2型糖尿病，不但能够刺激胰岛素分泌，而且还能增加外周组织对葡萄糖的利用，提高胰岛素与受体的亲和力。其黄酮类成分对糖尿病及其慢性并发症具有较好的治疗效果。

164. 大叶黄杨根（四季青、正木、调经草、冬青卫矛）

为卫矛科植物大叶黄杨*Euonymus japonicus*（L.）Thunb.的根、茎皮及枝。

常绿灌木或小乔木。小枝近四棱形。叶光亮革质，倒卵形或窄长椭圆形，边缘具细齿。聚伞花序腋生，1～2回2歧分枝，每分枝顶端为小聚伞花序；花白绿色，4数；花盘肥大。蒴果淡红色，近球形，有4浅沟。种子棕色，有橙红色假种皮。我国各省区多栽培作绿篱。

根皮含冬青卫矛碱。果实含冬青卫矛倍半萜酯。叶含无羁萜、表无羁萜、无羁醇萜、槲皮素甙类。树皮含硬橡胶。

根用于月经不调、痛经、风湿骨痛。内服：15～30 g。孕妇慎服。茎皮及枝用于风湿痹痛、腰膝酸软、跌打伤肿、骨折、吐血。叶用于疮疡肿毒。

月经不调：大叶黄杨根30 g。炖肉吃。

各省普遍栽培，供观赏；本种植物极耐修剪，是良好的绿篱材料。对二氧化硫抗性较强。

• 大叶黄杨

● 野鸦椿

165. 鸡眼睛

（鸡眼椒、淡椿子鸡肾树、乌眼睛、开口椒、鸡肾果）

为省沽油科植物野鸦椿*Euscaphis japonica*（Thunb.）Dippel的果实、根及茎。

小乔木或灌木。小枝及芽红紫色，揉破后有恶臭气。羽状复叶；小叶椭圆形，稀圆形，边缘具疏齿，齿尖有腺体。圆锥花序；花瓣5片，黄白色，椭圆形；花盘盘状。蓇葖果，果皮软革质，紫红色，有纵脉纹。种子近圆形，假种皮肉质，黑色，有光泽。生于山坡、林中或灌丛中，亦有栽培。分布于我国华东、中南、西南地区及山西、台湾省。

叶含甙类。

所含紫云英甙有降低毛细血管通透性作用，并对大鼠离体小肠、膀胱有解痉作用。利胆、利尿作用。

果实用于胃病、寒癌疼痛、泄泻、痢疾、脱肛、月经不调、子宫下垂、风疹、睾丸肿痛。内服：9～15 g。根用于外感头痛、风湿腰痛、偏头痛、痢疾、泄泻、跌打损伤。茎用于风湿骨痛、水痘、目生翳障。

气滞胃痛、头痛：鸡眼睛果实15～30 g。水煎服。

166. 龙眼（桂圆）

• 龙眼

为无患子科植物龙眼*Euphoria longans*（Lour.）Steud.的种子、根、叶及假种皮。果肉白色透明；种子球形，黑色光亮，古人喻为“龙眼”，故名。

乔木。羽状复叶；小叶椭圆形或椭圆状披针形。圆锥花序，有锈色星状柔毛；花杂性；花瓣5，黄白色，花盘被毛。核果球形，外皮黄褐色，粗糙，鲜假种皮白色透明，肉质多汁，甘甜。种子球形，黑褐色，光亮。福建、台湾、广西、广东、四川、贵州、云南等省区多栽培。

假种皮（龙眼肉）含维生素、葡萄糖、蔗糖及酒石酸等。种子含皂甙、色素、氨基酸、脂肪油及鞣质。种子油含二氢苹婆酸。叶含槲皮素、槲皮甙、无羁萜、16-三十一醇、谷甾醇、豆甾醇及等。

龙眼肉有抑菌、抗肿瘤、抗应激、增加脾脏重量、增加胸腺重量、增加体重、抑制黄素蛋白酶作用。

种子用于胃痛、烧烫伤、刀伤出血、疝气痛、外伤出血。内服：9～15 g。外用适量。根用于乳糜尿、白带、风湿性关节痛。叶用于预防流行性感冒、流行性脑脊髓膜炎、感冒、肠炎、阴囊湿疹。假种皮（龙眼肉）用于病后体虚、神经衰弱、健忘、心悸、失眠等。

预防流行性感冒：龙眼叶、黄皮叶、野菊花、鬼针草、大青叶各5 000 g。研粉压成药饼，每块含生药30 g。每日服1块，开水冲服，服3日。

龙眼营养丰富，是珍贵的滋养强化剂。果实除鲜食外，还可制成罐头、酒、膏、酱等，亦可加工成桂圆肉干。树干木质坚硬，纹理细致，是制作高级家具的原料，还可雕刻成各种精巧工艺品。

167. 摇钱树根（马鞍树、灯笼花）

为无患子科复羽叶栾树*Koelreuteria bipinnata* Franch.的根或花。

乔木。二回羽状复叶；小叶长椭圆状卵形，边缘有不整齐锯齿。圆锥花序顶生；花黄色；花瓣4片，披针形。朔果卵形，长约4 cm，肿胀，顶端圆，有小尖头，有3棱；种子圆形，黑色。生于林中，亦有栽培。分布于我国华南、华中地区及浙江、四川、贵州、云南等省。

用于风热咳嗽、蛔虫病、目痛、腰痛。内服：3～9 g。

蛔虫病：摇钱树根9 g。水煎服。

叶春季多呈红色；蒴果秋天变红，艳丽，形如成串小灯笼。有较强的抗烟尘能力，是理想的城市绿化观赏树种。

• 复羽叶栾树（左图） • 复羽叶栾树果（右图）

168. 凤仙花

为凤仙花科植物凤仙花*Impatiens balsamina* L.的花及种子。花加少许盐或明矾，捣烂，可染指甲，故又名“指甲花”。

草本。茎肉质。叶柄两侧有数个腺体；叶片披针形，边有锐齿。花粉红色或杂色，单瓣或重瓣；旗瓣圆；翼瓣宽大，基部裂片近圆形，上部裂片宽斧形，2浅裂；唇瓣舟形，基部突然延长成细而内弯的距。蒴果纺锤形，熟时一触即裂，密生茸毛。种子多数，球形，黑色。我国各地栽培。

种子含脂肪油约17.9%。又含甾醇类、三萜类、皂甙、挥发油、类脂、蛋白质、氨基酸、糖类。全株含芹菜素的甙类。花含黄酮类。

种子有抗细菌、抗真菌、抗生育、兴奋子宫作用。

花用于风湿肢体瘫痪、腰胁疼痛、妇女经闭腹痛、产后余血未尽、跌打损伤、骨折、痈疽疮毒、咯血、毒蛇咬伤、白带、鹅掌风、灰指甲。茎名“凤仙透骨草”，用于风湿痹痛、跌打肿痛、闭经、痛经、痈肿、丹毒、癣、鹅掌风、蛇虫咬伤；有小毒。根用于跌打肿痛、风湿。孕妇禁服。种子名“急性子”，用于经闭、难产、骨鲠咽喉、肿块积聚。内服：3.0～4.5 g。外用适量。内无癖积者及孕妇禁用。

凤仙花

1. 食管癌：急性子、黄药子、代赭石、半枝莲各30 g。水煎服。

2. 风湿性关节痛：凤仙透骨草、木瓜各15 g，威灵仙12 g，桑枝30 g。水煎服。

3. 痈肿疮毒：凤仙花、木芙蓉叶等量。研末，醋调敷患处。

供观赏。花粉可为头发染色，效果持久并有光泽。

169. 大枣（红枣）

为鼠李科枣属植物枣*Ziziphus jujuba* Mill.的果实、树皮及根。

灌木或小乔木。幼枝具2个托叶刺。叶卵形或卵状椭圆形，边缘具细锯齿。聚伞花序；花小，瓣5片，黄绿色，基部有爪；花盘厚，肉质，5裂；子房与花盘合生。核果长圆形或长卵圆形，熟时红色，后变红紫色，中果皮肉质、味甜；核扁椭圆形。全国各地栽培。

● 枣

果实含生物碱、三萜酸类、皂苷类、大枣皂苷、酸枣皂苷、香豆精类、甾醇类、蛋白质、氨基酸、脂肪、糖类、胡萝卜素、维生素以及钙、磷、铁和环磷酸腺苷等。

果实有护肝、增强肌力、抗变态、抗氧化、抗肿瘤、抗突变、增强免疫能力、抗衰老作用。

果实用于脾胃虚弱、气血不足、食少倦怠乏力、心悸失眠、慢性肝炎、肝硬化、贫血、过敏性紫癜、妇人脏躁、营卫不和。内服：9～15 g。湿盛、痰凝、食滞、虫积及齿病者慎服或禁服。种子用于焦虑、失眠、肝炎、紫癜、贫血、头晕眩、盗汗。树皮用于腹泻、发烧。根用于发烧，并促进毛发生长。

1.高血压：大枣10～15枚，鲜芹菜根60 g。水煎服。

2.非血小板减少性紫癜：大枣10粒。嚼服。

我国有枣属品种400多个。其分法多样，按大小分为大枣和小枣，按产地分为南枣和北枣，等等。原产我国，栽培历史悠久，营养丰富，药食俱佳。

● 乌蔹莓

170. 乌蔹莓（五叶莓、母猪藤、小母猪藤、止血藤）

为葡萄科植物乌蔹莓*Cayratia japonica*（Thunb.）Gagnep.的全草。

草质藤本。茎紫绿色，具卷须。鸟足状复叶；小叶椭圆形至狭卵形，边缘疏生锯齿，中间小叶较大。伞房状聚伞花序；小花黄绿色；花瓣4片，卵状三角形。浆果卵形，熟时紫黑色。生于山坡、路旁草丛或灌丛中。分布于我国华东、中南、西南地区。

含挥发油、芹菜素、木樨草素、黏液质、氨基酸等。果皮含乌蔹色甙。

有抗病毒、抗菌、抗炎、解热、抗凝血、增强细胞免疫作用。

用于热毒痈肿、疔疮、中毒、咽喉肿痛、蛇虫咬伤、烫伤、风湿痹痛、黄疸、泻痢、白浊、尿血。内服：15～30 g。外用适量。

1.一切肿毒、发背、乳痈、便毒、恶疮初起者：乌蔹莓适量，生姜一块。捣烂，入酒一小杯，绞汁热服，取汗，以渣外敷，用大蒜代姜亦可。

2.风湿性关节疼痛：乌蔹莓根30 g。泡酒服。

171. 黄蜀葵（黄葵、秋葵、棉花葵、黄秋葵）

为锦葵科植物黄蜀葵*Abelmoschus manihot*（L.）Medic.的花、种子、茎叶及根。

草本，全株疏被长硬毛。叶掌状5～9深裂，边缘具粗钝锯齿。萼佛焰苞状，5裂；花淡黄色，内面基部紫色，直径约12 cm；雄蕊柱长，柱头紫黑色，匙状盘形。蒴果卵状椭圆形。种子多数，肾形。除东北、西北外，广布于全国各地区。

● 黄蜀葵

花含甙、杨梅素等。全株含天门冬酰胺酶。

花有止痛、祛痰作用。根有利尿作用。

花用于淋症、吐血、崩漏、胎衣不下、口腔溃疡疼痛、痈肿疮毒、水火烫伤。内服：5～15 g。外用适量。种子用于淋症、水肿、便秘、小便不通、乳汁不通、痈肿、跌打损伤。茎叶用于热毒疮痈、尿路感染、骨折、烫火伤、外伤出血。根用于高热不退、大便秘结、小便不利、疔疮肿毒、烫伤、淋症、水肿、溃疡、咳嗽、胃炎、腮腺炎。孕妇禁服。

1.痈疮：黄蜀葵花、鲜蒲公英各15 g。捣烂，用鸡蛋清调敷患处。

2.烫伤：黄蜀葵花适量。放麻油内浸泡，待溶成糊状，涂患处。

观赏草花。黄蜀葵的根富含黏液，为黏滑剂，亦作造纸糊料。

172. 蜀葵

（蜀季花、麻秆花、棋盘花、吴葵、一丈红、端午花）

为锦葵科植物蜀葵*Althaea rosea*（L.）Cavan.的花、根及叶。

草本。茎枝密被刺毛。叶近圆心形，掌状5～7浅裂或为波状棱角，被星状长硬毛或绒毛。花单生、近簇生或排成总状；花大，有红、紫、白、粉红、黄和黑紫等色；单瓣或重瓣，花瓣倒卵状三角形，先端凹缺，基部狭，爪被长毛；雄蕊柱长约2 cm。蒴果盘状，分果瓣近圆形，具纵肋。我国各地栽培。

花含甙类。果实含脂肪油。全株含黏液质。

花有镇痛、镇静、抗炎、活血化淤、抗血栓作用。

花用于吐血、月经过多、带下、二便不通、小儿风疹、疟疾、痈疽疮肿、毒蝎蜇伤、烫伤、火伤。内服：3～9 g。外用适量。孕妇禁服。根用于胃溃疡、咳嗽、腹泻、失眠、淋症、带下、痢疾、吐血、血崩、外伤出血、疮疡肿毒，烫伤烧伤。叶用于带下、乳汁不通、疮疥、无名肿毒。脾胃虚寒者及孕妇慎服。

1.尿路结石：蜀葵花90 g。研末，每日服2次，每次服6 g，温开水送服。

2.小便血淋：蜀葵根6 g，车前子15 g。水煎服。

蜀葵种子、花及幼叶均可拌沙拉，叶和根可作蔬菜食用。锦葵科植物均含黏液，可用于化妆品以保养风化的皮肤。根和叶可制成糊药。花含色素，可用于食品着色。茎皮纤维用于织布及做绳索。古代用蜀葵叶制作书签，名“葵签”。

• 蜀葵

173. 芙蓉花

（拒霜花、文官花、三变花、七星花、富贵花、霜降花）

木芙蓉

为锦葵科植物木芙蓉*Hibiscus mutabilis* L.的花及叶。木芙蓉花或白或粉或赤，皎若芙蓉出水，有“芙蓉花”之称，又因其为木本植物，故又名“木芙蓉”。其花晚秋开放，一日三变，凌霜拒寒，艳丽绰约，因而又名“三变花”、“拒霜花”。

灌木或小乔木。小枝、叶柄、叶、花梗和花萼均密被细绵毛或星状绒毛。叶宽卵形、卵圆形或心形，常5～7裂，具钝圆锯齿。花初开时白色或淡红色，后变深红色，直径约8 cm。蒴果扁球形。

我国黄河流域及华东、中南、西南、华南各地有栽培。

花含黄酮甙、花色甙、槲皮素等。叶含黄酮甙、酚类、氨基酸、鞣质、还原糖等。

花有抗炎、抗癌、抑菌作用。

花用于肺热咳嗽、流感、吐血、目赤肿痛、崩漏、白带、腹泻、腹痛、痈肿、疮疔、毒蛇咬伤、烫伤、跌打损伤。内服：9～15 g。外用适量。叶用于肺热咳嗽、目赤肿痛、痈疽肿毒、恶疮、带状疱疹、肾盂肾炎、水火烫伤、毒蛇咬伤、跌打损伤。虚寒患者及孕妇禁服。

1. 烫伤：木芙蓉花适量。研末，麻油调搽患处。

2. 带状疱疹：木芙蓉鲜叶适量。阴干，研末，调米浆抹患处。

木芙蓉茎皮含纤维素39%，纤维柔韧而耐水，可作缆索和纺织品原料，也可造纸。

● 朱槿

174. 扶桑花

（大红花、吊丝红、吊钟花、朱槿牡丹、佛桑花、贼头花）

为锦葵科植物朱槿*Hibiscus rosa-sinensis* L.的花、根皮及叶。晋朝《南方草木状》中记载“其花如木槿而颜色深红，称之为朱槿”。其中深红重瓣者略似牡丹，故亦有“朱槿牡丹”之名。

灌木。叶阔卵形或狭卵形，边缘具粗齿或缺刻。花常下垂；花梗有节；花冠漏斗形，直径6～10 cm，玫瑰红或淡红、淡黄等色，花瓣倒卵形，外面疏被柔毛；雄蕊柱长。我国南方各地有栽培。

花含甙类、生物碱。叶含碳氢化物、高级脂肪醇、脂肪酸、酯类、具抗补体活性的黏液质。根皮含环丙烯类化合物。

花有降压、抗生育作用。对平滑肌有致痉的作用。

花用于肺热咳嗽、咯血、鼻血、崩漏、白带、痢疾、赤白浊、痈肿毒疮。内服：15～30 g。外用适量。叶用于白带、淋症、疮肿、腮腺炎、乳腺炎、淋巴结炎。根皮用于月经不调、崩漏、白带、白浊、痈疮肿毒、尿路感染、急性结膜炎。

痈疽、腮腺炎：鲜扶桑叶或花、木芙蓉叶、牛蒡叶各适量。研碎，敷患处。

中国为扶桑的原产地，栽培历史悠久，早在汉朝《山海经》中就有“汤谷上有扶桑”的记载。栽培品种较多，根据花瓣可分为单瓣、复瓣，根据花色可分为粉红、黄、青、白等，艳丽夺目，姹紫嫣红。花可作蔬菜食用，亦可提制色素。为南方常见景观植物。茎皮可代麻制绳索及麻袋。

175. 吊灯花（灯笼花）

为锦葵植物吊灯花*Hibiscus schizopetalus* (Mast.) Hook.f.的根及叶。花似挂灯，花梗细长下垂，因名。

灌木。叶矩圆形，边缘具齿。花单生，下垂，花梗中部具关节；萼管状；花瓣5片，红色，深细裂作流苏状，向上反曲；雄蕊柱长而突出，下垂；花柱分枝5枚。蒴果长圆柱形。台湾、福建、广东、广西、云南等省区常栽培。

花用于食积。内服：5～15 g。叶用于腋疮、肿毒。鲜品适量捣烂敷患处或干品研末调敷。

食积：吊灯花9 g，鸡矢藤15 g，苦荞头15 g，马兰15 g。水煎服。

南方常见景观植物。

● 吊灯花

176. 木槿皮（川槿皮、槿皮）

为锦葵科植物木槿*Hibiscus syriacus* L.的树皮及枝皮。

落叶灌木，密被黄色星状绒毛。叶菱形至三角状卵形，3裂或不裂，边缘具不整齐齿缺。花钟状，淡紫色或白色，直径5～6 cm，花瓣倒卵形。蒴果卵圆形。种子肾形，背部被黄色长柔毛。我国华东、中南、西南地区及河北、陕西、台湾等省有栽培。

含有机酸、β－谷甾醇、醇类。

有抗肿瘤作用。

用于湿热泻痢、肠风泻血、脱肛、痔疮、赤白带下、阴道滴虫、皮肤疥癣、阴囊湿疹。内服：3～6 g。外用适量。

脚癣：木槿皮60 g。浸酒外搽。

木槿叶的水提液含蛋白质约13%，其中对头发具有亲和性较强的氨基酸占近50%，香波复配表明，木槿叶是一种较理想的发用天然调理剂。

• 木槿

177. 冬葵（冬寒菜、冬苋菜、滑菜）

为锦葵科植物野葵*Malva verticillata* L.的种子。

草本。茎被毛。叶肾形至圆形，常掌状5～7裂，裂片短，三角形，边缘有钝齿。花腋生；花瓣5片，淡白色至淡红色，先端凹。果扁圆形，分果片10～11片。种子肾形，紫褐色。全国各地栽培。

含生物碱、蛋白质、脂肪油、甾体三醇、多糖、黏液质、氨基酸、微量元素、单糖等。

有降血糖、抗补体活性作用。

从种子中提取的中性多糖MVS-I能明显增强网状内皮系统的吞噬活性。

用于淋病、水肿、大便不通、乳汁不行、咽喉肿痛、热毒下痢、湿热黄疸、疮疖痈肿、丹毒、疳疮、蛇虫咬伤。内服：6～15 g。脾虚肠滑者禁服，孕妇慎服。

尿路感染、小便涩痛：冬葵子、车前子、萹蓄、蒲黄各12 g。水煎服。

常见蔬菜。

• 野葵

178. 木棉（攀枝花、英雄树、红棉、广海桐皮）

为木棉科植物木棉*Bombax malabarica* DC.的花、树皮及根。木棉花一名见于《生草药性备要》，因其种毛茸白如棉得名。

大乔木。树干常有圆锥状粗刺。掌状复叶；小叶长圆形或圆状披针形，花先叶开放，红色或橙红色；花瓣肉质，倒卵状长圆形，两面被星状柔毛；雄蕊多数，下部合生成短管，3轮。蒴果长圆形，木质，长10～15 cm，外被毛，内有丝状绵毛。种子多数，倒卵形，黑色，藏于绵毛内。生于干热河谷、低山、林中及村边、路旁。分布于我国华南、西南地区及江西、福建、台湾省。

根含胡萝卜甙、齐墩果酸、橙皮甙和矿质元素。

根水提物对动物移植性肿瘤S180有抑制作用。花有保肝、抗炎作用。树皮、根有抗炎镇痛作用。

花用于泄泻、痢疾、咳血、吐血、血崩、金疮出血、疮毒、湿疹。内服：9～15 g。

1.湿热腹泻、痢疾：木棉花15 g，凤尾草30 g。水煎服。

2.暑天汗出烦热：木棉花适量。开水泡服。

在西非，木棉叶用以治疗腹痛，树皮是催吐剂，根治疗麻疯病。木棉纤维韧性差，无弹力，不能供纺织用，但是隔热隔音的理想优质材料。因具浮力强和防水性好的特点，还可用来做救生衣、坐垫和枕头等的填充料。种子油可食，作润滑油，并用于肥皂和颜料制作。木材质地轻软。广州市市花。

• 木棉

179. 梧桐（瓢羹树）

为梧桐科植物梧桐*Firmiana simplex.* (L.) W. F. Wight的种子、叶、根及树皮。

乔木。叶心形，掌状3～5裂。圆锥花序长；花单性或杂性，淡黄绿色；萼5裂，反曲，外被毛；无花瓣；雄蕊合生；心皮5枚。蓇葖果有柄，开裂，果瓣叶状。种子球形，生于叶状果瓣边缘。全国各地栽培。

种子含脂肪油、生物碱。花含齐墩果酸、β－谷甾醇、芹菜素、水溶性多糖。叶含芳香甙、β－香树脂醇、－谷甾醇、三十一烷、甜菜碱、胆碱、水溶性多糖及果胶。根含甙、蛋白质、糖、黏液质等。

种子有降压、止血、镇静作用。

种子（瓢儿果、桐麻豌）用于胃脘疼痛、伤食腹泻、须发早白、鼻出血、小儿口疮、晕船。内服：3～9 g。外用适量。多食令人耳聋，耳病病人及咳嗽多痰者勿食。叶用于风湿痹痛、跌打损伤、刀伤出血、痈疮肿毒、痔疮、高血压、小儿食积、软疣、泻痢、高血压病。根及树皮用于风湿性关节疼痛、吐

●梧桐

● 梧桐果枝

血、肠风下血、脱肛、月经不调、跌打损伤。

1.伤食腹泻：梧桐子（炒焦）适量。研粉，冲服，每服3 g。

2.白发：梧桐子、黑芝麻各9 g，何首乌、熟地各15 g。水煎服。

3.软疣：梧桐叶适量。水煮，冷后贴患处。

常栽培作行道树，对二氧化硫、氯气等有较强的抗性。木材宜制乐器、家具。种子可食，亦可榨油。树皮纤维可作造纸原料。叶做土农药，可杀灭蚜虫。

180. 火索麻（坡片麻、扭索麻、野芝麻、鞭龙）

为梧桐科植物扭蒴山芝麻*Helicteres isora* L.的根。

灌木。小枝，叶下面、果密生星状柔毛。叶宽倒卵形或倒卵形，顶端常具小裂片，边缘有小齿。聚伞花序；花萼漏斗形，4或5浅裂；花瓣5片，红色或紫红色，不等大，斜镰刀形；雄、雌蕊柱长达3.2 cm。蒴果圆柱形，螺旋状扭曲，长达4 cm，熟时黑色。生于草坡、丘陵或灌丛中。分布于广东、云南、广西、海南等省区。

根含葫芦苦素、β－谷甾醇、白桦脂酸、齐墩果酸、胡萝卜甙。果实含香树脂醇、羽扇豆醇、无羁萜、蒲公英赛酮。叶含三十四烷酸、三十四烷醇酯。全株还含薯蓣皂甙元等。

用于慢性胃炎、胃溃疡、肠梗阻、肠炎、腹泻、糖尿病。内服：9～15 g。

慢性胃肠炎：火索麻、香附子各9 g，两面针6 g。水煎服。

• 扭蒴山芝麻

181. 山茶花（红茶花、耐冬、茶花）

为山茶科植物山茶*Camellia japonica* L.的花、根及叶。

灌木或小乔木。叶倒卵形或椭圆形，全缘或有细齿。花红色；花瓣近圆形，先端凹，基部稍连合，栽培品种多重瓣，有白色、淡红等色；雄蕊多数。蒴果近球形。种子有棱。全国各地栽培。

花含花色甙、芸香甙、杨梅树皮素、原儿茶酸、没食子酸、路边青鞣质、山茶皂甙、可可豆碱等。叶含山茶皂甙、维生素、可可豆碱、儿茶精、类脂。果含挥发油、山茶皂甙、山茶甙。种子含脂肪油约40%～66%、山茶甙。

花有抗癌、抗真菌、强心作用。

花用于吐血、鼻出血、咳血、便血、痔血、痢疾、血淋、血崩、带下、烫伤、跌打损伤。内服：5～10 g。外用适量。中焦虚寒无淤者慎服。生用长于散血，炒用偏于止血。根用于跌打损伤、食积腹胀。叶用于痈疽肿毒、烫火伤、出血、痈疽肿毒。

1.咳嗽吐血：山茶花10朵，红花15 g，白及30 g，红枣12 g。水煎服，红枣不拘时亦取食之。

2.烫火灼伤：山茶花适量。研末，麻油调敷。

山茶花原产我国，为传统园林观赏名花。种子油可食，亦可润发、防锈、制皂，作钟表润滑油。木材细致坚硬，供细工及雕刻。

● 山茶

182. 猕猴桃（藤梨、羊桃、奇异果、猴仔梨、野梨、毛梨子）

为猕猴桃科植物猕猴桃*Actinidia chinensis* Planch.的果实及根。始见于唐代诗人岑参的诗中："中庭井阑上，一架猕猴桃。"李时珍在《本草纲目》中有"其形像梨，其色如桃，而猕猴喜食，故有其名"的说法。

藤本。幼枝赤色，同叶柄密生灰棕色柔毛；髓大，白色，片状。叶圆形至倒卵形，基部阔楔形至心形、边缘有刺毛状齿，下面密生灰棕色星状绒毛。雌雄异株或单性花与两性花共存；花瓣4～7片，初为乳白色，渐变黄色；雄蕊多数。浆果卵圆形或长圆形，密生棕色长毛。生于林中或灌丛中。分布于我国中南地区及陕西、江苏、安徽、浙江、江西、福建、四川、贵州、云南省等地。

果实含猕猴桃碱、玉蜀黍膘呤、大黄素、大黄素甲醚、大黄素酸、叶黄素、蛋白酶、氨基酸、糖、有机酸、矿物质、维生素C、维生素B、色素、鞣质、挥发性成分。

果实有防癌、抑制亚硝酸钠促癌变、促进干扰素产生、提高免疫功能、促进蛋白质分解和消化、加强机体营养、延缓衰老、耐缺氧、抗氧化、降血脂、保肝、改善血液流动、抗血栓、抗炎作用。

果实用于烦热、慢性气管炎合并肺气肿、糖尿病、肺热咳嗽、消化不良，湿热黄疸、石淋、痔疮。内服：煎汤，30～60 g。脾胃虚寒、尿频、月经过多和先兆流产者忌服。根清热解毒、活血消肿、利尿通淋。

消化不良、食欲不振：猕猴桃干果60 g。水煎服。

猕猴桃果营养价值极高，新鲜果实中维生素C的含量为138～284.54 mg／100 g，被称为水果之王。根制土农药，可杀油茶毛虫、稻螟虫、蚜虫等。茎可作建筑、造纸原料。叶可作饲料。花可提取香精。果可生食或制果酱。洁面后涂猕猴桃汁适量按摩，可抑制黑色素沉淀，淡化黑斑；洗涂脚手，能改善干性或油性皮肤状况。原产我国。

● 猕猴桃

183. 金丝桃（金丝海棠、五心花）

● 金丝桃

为藤黄科植物金丝桃*Hypericum monogynum* L.的全株。

小灌木。叶长椭圆状披针形，密生透明小点。花单生或成聚伞花序；花瓣5片，鲜黄色，宽倒卵形，雄蕊多数，5束，与花瓣等长或稍长。蒴果卵圆形。生于山坡、路边及沟旁。现广泛栽培于我国各地庭园。

用于肝炎、肝脾肿大、急性咽喉炎、结膜炎、疮疔肿毒、蛇伤、蜂伤、跌打损伤、风湿性腰痛。内服：15～30 g。外用鲜根或鲜叶适量。

1.肝炎：金丝桃根30 g，地耳草、虎杖各15 g。水煎服。

2.热疮肿痛：金丝桃花、叶适量。捣烂，外敷。

叶片可用于沙拉或调甜酒。

184. 金丝梅（土连翘、芒种花、黄花香、山棍子）

为藤黄科植物金丝梅*Hypericum patulum* Thunb.的全株。花瓣圆形，金黄色，互相重叠，状如梅花，花蕊像金丝，故名“金丝梅”。

灌木。叶卵圆形或披针状长圆形，散布透明腺点。花序聚伞状或单生；花瓣5片，黄色或金黄色，近圆形；雄蕊多数，5束。蒴果卵球形。生于山坡、草地、林下、灌丛中。分布于安徽、江苏、浙江、福建、湖南、湖北、江西、四川、贵州、云南、陕西等省。

用于湿热淋病、肝炎、感冒、扁桃体炎、疝气偏坠、筋骨疼痛、跌打损伤。内服：6～15 g。外用适量。

1.肝炎、感冒：金丝梅根15 g。水煎服。

2.扁桃体炎：金丝梅、板蓝根各15 g。水煎服。

3.烧、烫伤：金丝梅花或叶、地榆叶等量。炒炭研末，溃者撒患处，未溃者用菜油调搽。

金丝梅适于庭院绿化和盆栽观赏。

• 金丝梅

• 金丝梅

185. 贯叶连翘（过路黄、千层楼、上天梯）

为藤黄科植物贯叶连翘*Hypericum perforatum* L.的全草。英文俗名圣·约翰草（St. John's wort），因其通常在6月24日左右开花，该日是《圣经》中施洗者圣·约翰的诞生日。

草本。茎或枝两侧各有凸起纵脉一条。叶椭圆形至线形，基部心形抱茎，上面布满透明腺点。聚伞花序；花瓣5片，黄色，边缘及花药均有黑色腺点；雄蕊多数，3束，花丝长短不一。蒴果长圆形，具背生腺条及侧生黄褐色囊状腺体；种子黑褐色，圆柱形，表面有细蜂窝状纹理。生于山坡、路旁或杂草丛中。分布于我国河北、山东、江苏、江西、湖北等省。

含金丝桃素、伪金丝桃属素、贯叶金丝桃素、鞣质、黄酮类、香草酸、β-谷甾醇、氨基酸及多种酮类化合物。挥发油成分主要为倍半萜类。

● 贯叶连翘

有抗抑郁、抗癌、抗菌、利尿、祛痰、抗病毒、抗衰老、镇痛、免疫功能抑制作用。开花枝端的提取物具有活血、抗病毒、收敛、镇静作用。

全草用于抑郁症、更年期综合症、咯血、吐血、肠风下血、支气管炎、风湿性关节炎、痛风、崩漏、外伤出血、月经不调、乳汁不下、黄疸、咽喉疼痛、目赤肿痛、尿路感染、口鼻生疮、痈疖肿毒、烫火伤。内服：6～10 g。外用适量。不能长期服用。少数人服用后会出现腹痛、对阳光敏感、晕眩、躁狂、情绪变化，应慎用。服用贯叶连翘要避免与环孢霉素、茶碱、香豆素类药同服，以免产生药物相互作用。花用于神经痛、烧伤、胃溃疡、胃炎、发炎、创伤、腹泻、烧伤、痔疮、静脉曲张。贯叶连翘对艾滋病的疗效正在研究中。

1.神经痛：贯叶连翘花适量。泡植物油外敷。

2.抑郁症、更年期综合症：贯叶连翘适量。用沸水冲泡服。

贯叶连翘在德国使用已有百年历史。1994年开始大量使用其提取物治疗抑郁症，至1998年贯叶连翘浸膏制剂产值已近60亿美元。在美国贯叶连翘的销售量仅次于银杏。贯叶金丝桃素（Hyperforin）是抗抑郁作用的主要成分，临床试验认为其抗抑郁作用与氟西汀接近，且副作用小。叶片可用于沙拉或调甜酒，花中含有黄色和紫红色染料。贯叶连翘茶可缓解痛经症状。

186. 喜马拉雅旌节花

为旌节花科植物喜马拉雅旌节花*Stachyurus himalaicus* Hook.f. *et* Thoms. ex Benth.的茎髓、嫩茎叶及根。

灌木或小乔木。小枝密被白色小皮孔。叶卵形至长圆状披针形，尾状渐尖，边缘具密而锐尖的细齿。雌雄异株；穗状花序腋生，多下垂；花瓣4片，倒卵形。浆果球形。生于林中或林缘。分布于四川、重庆、西藏、云南、贵州、湖北、湖南、广东、广西、江西等省市区。

• 喜马拉雅旌节花

茎髓含多糖、多种氨基酸及无机元素。果、叶含鞣质。

茎髓有抗炎、利尿、解热、抑菌、抑制流感病毒、抗过敏作用。有提高全血SOD活力作用。

茎髓（小通草、小通花）用于热病烦渴、小便黄赤、尿少或尿闭、急性膀胱炎、肾炎、水肿、乳汁不通。内服：3~6 g。气虚无湿热患者及孕妇慎服。

小便黄赤：小通草6 g，木通4.5 g，车前子9 g（布包）。水煎服。

宜植于园林绿地观赏。

• 鸡蛋果

187. 鸡蛋果（土罗汉果、洋石榴）

为西番莲科植物鸡蛋果*Passiflora edulis* Sims的果实。果皮革质坚韧，光滑，果肉充满黄色果汁，似生鸡蛋黄，故名。

草质藤本。叶柄近顶端有2个杯状腺体；叶掌状3深裂，中裂片卵形，侧裂片卵状长圆形，边缘有细锯齿；近裂片缺弯基部有1～2个杯状小腺体。聚伞花序退化仅存1花；花白色，芳香；萼片近海绵质，长圆形，背面近顶端有一角状附属物；花瓣披针形；副花冠外面2轮丝状，基部淡绿色，上部白紫色。浆果卵形，果皮坚硬，熟时紫色。种子极多，具淡黄色黏质假种皮。我国南方各地栽培。

果实含果胶（约1%）、醇类、酸类、香味成分、甙类、氨基酸、隐黄质、硫胺、烟酸、核黄素、β-胡萝卜素、维生素C以及无机元素。种子含脂类。

有助消化、化痰、降脂、镇静、止痛、提神醒脑作用。

用于咳嗽、咽干、声嘶、大便秘结、失眠、痛经、关节痛、痢疾。内服：10～15 g。

果实主要用于加工果汁饮料，有“果汁之王”的美誉。还可制作果子露、冰淇淋、果酱、果冻、果酒等，以及用来添加在其他饮料中以提高其品质。

188. 竹节秋海棠

为海棠科植物竹节秋海棠*Begonia maculata* Raddi的全草。

亚灌木。块茎球形；茎竹节状。叶厚肉质，斜卵状长圆形，基部偏心形，边缘浅波状，上面有白斑点，下面和叶柄常紫红色。聚伞花序；花淡红色，雌雄同株；雄花萼片2片，较大；雌花萼片、花瓣均5片。蒴果具3翅，鲜红色。生于阴湿地方。长江以南各省区有栽培。

用于跌打损伤、刀伤出血、消化不良、肿痛。内服：9～15 g。外用适量。孕妇忌服。

跌打损伤：竹节秋海棠适量。捣烂敷伤处。

嫩茎叶可食用。

● 竹节秋海棠

189. 四季海棠（瓜子海棠、玻璃海棠、蚬肉秋海棠）

为秋海棠科植物四季海棠*Begonia semperflorens* Link *et* Otto的全草。

肉质草本，有发达的须根。叶卵圆至广卵圆形，基部略偏斜，绿色或紫红色，边缘有锯齿和睫毛。雌雄同株异花，聚伞花序腋生；花红、淡红或白色，单瓣或重瓣，品种甚多；雄花较大，花被片4片，雌花稍小，花被片5片。果具红翅。我国各地栽培。

叶含有机酸。

全草用于疮疖。外用鲜品适量。

四季海棠是人们普遍栽培的花卉之一。

• 四季海棠

190. 令箭荷花（荷令箭 、红孔雀、荷花令箭、孔雀仙人掌）

为仙人掌科植物令箭荷花Nopalxochia ackermannii Kunth的全株和花。茎扁平形似令箭，花美丽状如荷花，故名。

草本。茎扁平披针形，基部圆形，绿色，边缘略带红色，有粗锯齿，锯齿间凹入部位有细刺。中脉明显突起。叶退化。花着生于茎的先端两侧，大而美丽，不同品种直径差别较大，花被片红色，开张，反卷，（栽培品种有红、黄、白、粉、紫等多种颜色），花丝及花柱弯曲。浆果。种子小，多数，黑色。叶退化，以绿色叶状茎进行光合作用。我国南方多栽培。

全株用于精神病。花用于肺热咳嗽、肺炎、肝炎、胃痛。

令箭荷花鲜艳美丽，生长快，易于栽培，近年来广泛用于布置阳台。

• 令箭荷花

191. 结香（野蒙花、梦花、新蒙花）

为瑞香科植物结香*Edgeworthia chrysantha* Lindl.的根及花。小枝棕红色，粗壮柔软，可打结而不断，故名“打结花”、“打结树”；花浓香，故又名“结香”。

灌木。小枝棕红色，被黄色绢状长柔毛。叶常簇生枝顶，长椭圆形，被毛。花黄色，浓香，早春先叶开放，多数聚成假头状花序，生于枝顶或近顶部，下垂；总柄粗短。花被筒形，外被绢状长柔毛，裂片4片，花瓣状，平展。核果卵形，状如蜂窝。生于林中。分布于河南、陕西、长江流域及其以南各省区。北方多栽培。

根用于风湿性关节痛、腰痛、跌打损伤、骨折、遗精、早泄、阳痿、红崩白带、杨梅疮、虚淋。内服：6～15 g。外用适量。花用于目赤疼痛、夜盲、梦遗、多泪、羞明、云翳。内服：2～3 g。

结香花蕾美丽，幼枝柔软，可修整成各种造型，宜植于庭前、路旁，或盆栽供观赏。树皮纤维可造纸；枝条柔软，可供编筐。

• 结香

结香

• 紫薇花（左图） • 紫薇树（右图）

192. 紫薇（拘那花、猴刺脱）

为千屈菜科植物紫薇*Lagerstroemia indica* L.的花、根皮及叶。紫薇花期长，由6月可开至9月，故又有“百日红”之称。树干外皮脱落，轻轻抚摸，即会枝叶摇动，亦被称为“痒痒树”、“抓痒树”。

小乔木或灌木。树皮平滑，小枝通常有狭翅。叶椭圆形至倒卵形。圆锥花序顶生；花淡红色、紫色或白色；花瓣6片，近圆形，皱缩状，边缘有不规则缺刻，基部具长爪；雄蕊多数。蒴果近球形，6瓣裂；种子有翅。全国各地普遍栽培。

全株含生物碱（紫薇碱、德卡明碱等）。根含谷甾醇。叶含紫薇醛、鞣花酸。种子含脂肪酸、谷甾醇等。

花有抗流感病毒、抗细菌、抗真菌、兴奋、退热作用。

花用于疮疖痈疽、小儿胎毒、疥癣、症瘕、血崩、带下、肺痨咳血、小儿惊风。内服：3～9 g。外用适量。孕妇忌服。根皮用于喉痹、痈疮、牙痛、痢疾、急性黄疸性肝炎、黄藤中毒、各种出血、骨折、湿疹。叶用于痢疾、湿疹、创伤出血。树皮在四川部分地区作紫荆皮用。

1.风丹：紫薇30 g。煎水，煮醪糟服。

2.痈疽肿毒、头面疮疖：紫薇适量。研末，醋调敷，亦可水煎服。

紫薇树姿优美，树干光滑洁净，花色艳丽，是观花、观干良种。

193. 石榴（安石榴、若榴、丹若）

为石榴科植物石榴*Punica granatum* L.的成熟果皮、花、叶及根。

灌木或乔木。枝顶常成长刺。叶片长圆状披针形，上面光亮。花生枝顶；萼钟状，通常红色或淡黄色，外面近顶端有1黄绿色腺体，边缘有小乳突；花瓣6片，红色、黄色或白色，倒卵形。浆果近球形，通常淡黄褐色、淡黄绿色或带红色，果皮肥厚。种子多数，钝角形，红色至乳白色。我国大部分地区有栽培。

果皮含鞣质（石榴皮苦素、石榴皮鞣质）、蜡、树脂、甘露醇、黏液质、没食子酸。果皮、茎皮、树皮均含生物碱（石榴皮碱、异石榴皮碱、伪石榴皮碱等）。

• 石榴

• 石榴

果皮有抗菌、抗病毒、抗生育、收敛作用。

果皮用于泄泻、痢疾、肠风下血、崩漏、带下、虫积腹痛、痈疮、疥癣、烫伤。内服：3～10 g。外用适量。花用于衄血、吐血、外伤出血、月经不调、红崩白带、中耳炎。叶用于泄泻、痘风疮、癞疮、跌打损伤。根用于蛔虫、绦虫、久泻、久痢、赤白带下。

冻疮久烂不愈：石榴皮、冬瓜皮、甘蔗皮适量。烧灰存性，研末敷。

石榴果实酸、甜及部位不同亦有不同的功效：酸石榴用于津伤燥渴、滑泻、久痢、崩漏、带下；甜石榴用于咽燥口渴、虫积、久痢。不宜过量服用。甜味果汁可做饮料、鸡尾酒、果子露和腌渍物的调味品。果皮、树皮所含色素为纤维染料。为西安市市花。

194. 使君子（留求子）

为使君子科植物使君子*Quisqualis indica* L.的果实或种子。

攀援状灌木。幼枝被毛。叶卵形或椭圆形。顶生穗状花序组成伞房状花序；花瓣5片，初为白色，后转淡红色；雄蕊10枚，2轮。果卵形，具短尖及5锐棱，熟时外果皮脆薄，青黑色或栗色。种子白色，圆纺锤形。生于山坡、路旁，亦有栽培。分布于我国西南地区及江西、福建、台湾、湖南、广东、广西等省区。

种子含使君子氨酸、D-甘露醇、脂肪油、植物甾醇等。果肉含胡芦巴碱、有机酸、糖、甾醇。

种子有驱虫作用。使君子氨酸（QA）与学习记忆能力关系密切。

种子用于虫积腹痛、小儿疳积、乳食停滞、腹胀、泻痢。内服：3～9 g。有小毒，服量过大或与热茶同服，可引起呕逆、眩晕等反应。

蛔虫病：使君子3～9 g。捣碎煎或去壳炒香嚼服。小儿每岁每日1粒。

● 使君子

195. 大叶桉

为桃金娘科植物桉*Eucalyptus robusta* Smith的叶及果。

乔木。小枝淡红色。叶狭卵形或宽披针形，两面有腺点，侧脉与中脉近成直角。伞形花序；萼筒狭陀螺形或稍壶形；花瓣与萼片合生成厚帽状体，顶端圆锥状凸起。雄蕊多数。蒴果倒卵形至壶形，果缘薄。

我国西南部和南部有栽培。

鲜叶含挥发油约0.7%。此外，尚含桉叶酸、苦味脂、鞣质、树脂。干叶含鞣花酸、酚类、甾醇和萜类。

叶有抗微生物、抗病毒、祛痰、降压、抗疟作用。20%挥发油可阻断蟾蜍坐骨神经冲动的传导。

叶用于防治感冒、流感、流脑、痢疾、高热头痛、急、慢性肾盂肾炎、小儿头疮、烧烫伤、神经性皮炎、创伤感染、肺结核、低血糖、丝虫病、乳腺炎、脚癣。内服：6～9 g。外用适量。本品内服对胃有刺激性，不可过量。孕妇、溃疡病、胃炎患者慎用。果用于疟疾。

防治流感、流脑、麻疹等：大叶桉叶鲜品60 g。水煎服或喷喉、漱口。

蜜源植物。叶或小枝有樟脑香脂的气味，可提取芳香油，用于医药、芳香浴疗和香料业及作防腐剂。木材坚韧耐腐，可作枕木、桥梁、电杆、矿柱、建筑、家具等用材和造纸用材。树皮可提取鞣质。桉树根会分泌一种有毒化学物质，抑制邻近植物的生长。

• 桉

196. 老虎杆（大金香炉、吞口巴、炸腰果、假豆稔、山石榴）

为野牡丹科植物展毛野牡丹*Melastoma normale* D.Don的全草。

灌木。茎、枝有开展粗毛。叶椭圆形至狭椭圆状披针形，两面有毛。花

3～10朵聚生于枝顶，紫红色；萼筒裂片5，披针形，裂片间具1小裂片；花瓣5，倒卵形；雄蕊10枚，二型，5枚较大，紫色，有延长而二裂的药隔，5枚较小，黄色，基部有2个小瘤体。蒴果稍肉质，坛状球形，密生伏贴的鳞片状毛。生于疏林下、山坡灌丛中、路旁或河岸。分布于我国广东、广西、福建、西藏、四川、贵州、云南等省区。

含皂甙、黄酮甙等。

有解毒、收敛、止血作用。

用于脘腹胀痛、肠炎、痢疾、肝炎、淋浊、咳血、吐血、衄血、便血、月经过多、痛经、白带、疝气痛、血管性脉管炎、疮疡溃烂、带状疱疹、跌打肿痛。内服：9～15 g。外用适量。孕妇慎服。

1.菌痢：老虎杆15 g，大青叶30 g，火炭母、石榴皮各9 g。水煎服。

2.跌打损伤：老虎杆根皮15 g，独活9 g，红花6 g，酢浆草12 g。泡酒服。

展毛野牡丹为酸性土壤指示植物。

● 展毛野牡丹

197. 五加皮（南五加皮、刺五甲）

为五加科植物细柱五加*Acanthopanax gracilistylus* W.W.Smith的根皮。

灌木，有时蔓生状。枝无刺或于叶柄基部单生扁平刺。掌状复叶互生，在短枝上簇生；小叶通常5片，倒卵形或倒披针形，边缘具细齿。伞形花序多腋生；花小，萼齿5枚；花瓣5片；黄绿色；子房2室，花柱2枚，分离。果近球形，黑色。生于林缘、路边或灌丛中。分布于我国华东、华中、华南和西南地区。

含异贝壳杉烯酸、紫丁香甙、异秦皮定甙、β－谷甾醇、棕榈酸、亚油酸、维生素B_1等。

有抗疲劳、保肝、镇静、抗炎、抗溃疡、抗排异、抗利尿、降血糖、增加机体抵抗力作用。可促进幼年大鼠副性腺发育。

用于肾虚体弱、筋骨痿软、失眠、小儿行迟、风寒湿痹、体虚乏力、水肿、脚气。内服：9～30 g。

风湿疼痛：五加皮15 g。泡酒服。

五加属植物具有增强免疫功能，抗应激及抗肿瘤等作用，相对人参皂甙来说，具有较强的“适应原”样作用，且副作用更小，因而被国内外广泛关注，

● 细柱五加

并研制出较多的新药及保健品。此外，五加皮提取物与烟酸、毛果芸香碱等合用制成的生发剂，可促进头发生长，防止头发灰白；五加所含的多种葡萄糖苷，对皮脂分泌、皮肤水合作用，减少皱纹有益，效果优于人参的提取物，可用于开发成美容美发产品。

198. 常春藤（追风藤、三角藤）

为五加科植物中华常春藤*Hedera nepalensis* K.Koch var. *sinensis*（Tobl.）Rehd.的茎叶。

攀援藤本。茎枝有气生根。营养枝上的叶三角状卵形或近戟形，全缘或3浅裂；花枝上的叶椭圆状卵形或椭圆状披针形。伞形花序；小花黄白色或绿白色，5数；子房下位，花柱合生成柱状。果圆球形，黄白色或红色。附生于阔叶林树干上或阴湿岩壁上。分布于陕西、甘肃、黄河流域以南至华南及西南各省区。

● 中华常春藤

茎含鞣质、内酯、树脂。叶含常春藤甙、肌醇、胡萝卜素、糖类、鞣质（约29.4%）。

本品所含皂甙及内酯对常见致病性皮肤真菌有抑制作用。

茎叶用于风湿痹痛、瘫痪、口眼歪斜、衄血、月经不调、跌打损伤、咽喉肿痛、疔疖痈肿、肝炎、皮肤瘙痒、湿疹、蛇虫咬伤。内服：6～15 g。外用适量。脾虚便溏泻泄者慎服。果实用于羸弱，腰腿痿软。

关节风痛及腰部酸痛：常春藤茎及根9～12 g。黄酒、水各半，煎服并煎水洗患处。

在庭院中可用以攀援假山、岩石，或在建筑物阴面作垂直绿化材料，也可盆栽供观赏用。

199. 人参（棒锤、山参、园参）

为五加科植物人参*Panax ginseng* C. A. Mey. 的根。

宿根草本。主根肥厚，黄白色，圆柱形或纺锤形，下面稍有分枝；根状茎（芦头）短。茎不分枝。掌状复叶数枚轮生茎顶；小叶椭圆形或椭圆状倒卵

• 人参

形，边缘有细密锯齿。伞形花序顶生；花小，淡黄绿色；花瓣5片，卵形。核果状浆果扁圆形，熟时鲜红色。

生于山坡密林中。分布于我国东北地区。

根含人参皂甙、人参酶类、氨基酸、多糖、多肽类、蛋白质、微量元素、有机酸、维生素、挥发油、萜类、生物碱等。地上部分含多种皂甙及黄酮类化合物、糖类等。

对中枢神经系统有双向调节作用。有抗疲劳、抗氧化、抗肿瘤、抗病毒、抗缺氧、保护心肌、促进学习和记忆功能、增加机体对多种有害因素的非特异性抵抗力、降血糖、促性腺活力、保护和刺激骨髓功能、抗血小板聚集、抗辐射、抗衰老、抗溃疡、抗应激、增强内分泌功能、促性细胞DNA及蛋白质生物合成作用。小剂量可使血压上升（大剂量则相反）。

根用于气短喘促、心悸健忘、口渴多汗、食少无力、急慢性疾病及失血后引起的休克、虚脱、糖尿病、失眠多梦、阳痿。内服：1.5～9.0 g。大量可用15～30 g。实、热证及正气不虚者忌服。不能与藜芦、五灵脂同用。花亦入药，具诸多医疗保健功能。

1.急慢性疾病引起的虚脱、休克：人参15～30 g。水煎服或加制附子（先煎2小时以上）6 g，水煎服。

2.气阴两伤、口渴多汗、气短喘促：人参3 g，麦冬9 g，五味子3 g。水煎服。

为第三纪孑遗植物，濒危种，已列入国家珍稀濒危保护植物名单。

200. 通草（通花、大通草）

为五加科植物通脱木*Tetrapanax papyriferus* (Hook.) K.Koch茎髓。

灌木或小乔木，密被黄色星状毛。茎有明显叶痕和大型皮孔，髓白色。叶大，聚生于茎顶；掌状5～11裂；托叶基部与叶柄合生。伞形花序聚生成大型复圆锥花序；花瓣4～5片，三角状卵形。果球形，熟时紫黑色。生于向阳肥厚土壤中，或栽培。分布于我国西南地区及陕西、江苏、安徽、浙江、江西、福建、台湾、湖北、湖南、广东、广西等省区。

茎髓含脂肪、蛋白质、粗纤维、戊聚糖、糖醛酸、多种氨基酸以及微量元素等。叶含通脱木皂甙、通脱木皂甙元和槲皮甙。

有利尿、抗炎、解热、提高免疫功能、抗氧化作用。

用于淋症涩痛、小便不利、水肿、黄疸、湿温病、小便短赤淋证、产后乳少、经闭、带下。内服：3～6 g。

通脱木生命力强，又能自行衍生，宜在公路两旁、庭园边缘的大乔木下种植，可以起到压制杂草生长、减少土壤冲蚀的作用。

• 通脱木

201. 白芷（杭白芷、川白芷）

为伞形科植物白芷*Angelica dahurica*（Fisch.*ex* Hoffm.）cv. *Hangbaizhi* Yuan *et* Shan的根。

草本。根长圆锥形。基生叶一回羽状分裂，茎上部叶二至三回羽状分裂，叶柄下部为囊状膨大的膜质叶鞘；末回裂片长圆形、卵形或线状披针形。复伞形花序；花小，白色；花瓣5片，倒卵形，顶端内曲成凹头状。果长圆形，具棱翅。江苏、安徽、浙江、湖南、湖北、四川等地有栽培。

含欧前胡内酯、异欧前胡内酯、白当归素、谷甾醇、棕榈酸及多种无机元素。

有降血压、解热、镇痛、抗炎、解痉、促进脂肪分解、抑制脂肪合成、光敏、抗微生物作用。

用于感冒、头痛、牙痛、鼻塞、鼻渊、风湿痹痛、湿胜久泻、白带、痈疽疮疡、毒蛇咬伤。内服：3～10 g。外用适量。血虚有热、阴虚阳亢之头痛者禁用。

眉棱痛：白芷、黄芪（酒浸，炒）各适量。共研细末，每服6 g，温水送下。

近年来，白芷得到深入研究，开发出大量的产品。如韩国从白芷中分得byakangelicin，治疗白内障有较好疗效，已申请世界专利。此外，还开发出许多美容品。

• 白芷

202. 小茴香（小香、小茴）

为伞形科植物小茴香*Foeniculum vulgare* Mill.的果实及根。

草本，具强烈香气。叶四至五回羽状全裂；末回裂片丝状。复伞形花序；花小，黄色，花瓣5片，倒卵形，中部以上向内卷曲，顶端微凹。双悬果长圆形，主棱5条；每棱槽内有油管1。全国各地栽培。

果实含脂肪油、挥发油、甾醇及糖苷、氨基酸、三萜类、鞣质、黄酮、强心苷、生物碱、皂苷、香豆素、挥发性碱、蒽醌、维生素、矿物质。

果实对肠蠕动有促进作用，并有抗胃溃疡、止泻、抗痉挛、抗菌、促进胆汁及乳汁分泌、雌激素样、抗突变作用；有促进DNA修复的能力。根具解毒、利尿和减肥作用。挥发油为广谱的抗菌剂，对灰指甲、发癣菌及霉菌等具有较强的抑制作用。

果实用于腹痛、睾丸偏坠、尿道结石、脘腹冷痛、恶心呕吐、食少吐泻、胁痛、酒精性肝损伤、肾虚腰痛、痛经、风寒湿痹、便秘、奶汁不足、月经不调、鼻疳。内服：6～9 g。外用适量。根用于消化不良、胃绞痛。

胃脘冷痛、泛酸、气滞腹胀：小茴香根9 g，吴茱萸根、马兰、樟树根各15 g。水煎服。

近年研究发现小茴香油、茴香脑、茴香醛等成分具增渗作用，有望成为新一类的透皮吸收剂。印度研究表明，小茴香的水提取物具有很强清除体内NO的活性，甚至比银杏强。小茴香为常用调味菜，可用于面包、咖喱、苹果馅饼、鱼酱、菜肴等的调味。发芽后的小茴香可拌沙拉。精油则用于利口酒及牙膏的调味。种子咀嚼后可解饥并助消化。种子和叶片蒸气可清洁深层皮肤。少量挥发油可用于肌肉按摩。根可作蔬菜。

• 小茴香

203. 山茱萸（蜀枣、枣皮、药枣、红枣皮）

● 山茱萸

为山茱萸科植物山茱萸 *Cornus officinalis* Sieb. et Zucc. 的果实。

灌木或乔木。枝黑褐色。叶卵形至椭圆形。伞形花序，花先叶开放；小花黄色，花瓣4片，卵形；花盘环状，肉质。核果椭圆形，成熟时红色。生于林缘或林中。分布于山西、陕西、甘肃、山东、江苏、安徽、浙江、江西、河南、湖南等省。

含挥发性成分、糖苷、鞣质、有机酸、多糖、β-谷甾醇、有机酸、糖类及维生素A等。

有降血糖、抗炎、抗失血性休克、抑制血小板聚集、抗骨质疏松、升血压、抗心律失常、抗氧化、抗菌、抗癌、抗辐射、抗艾滋病毒、保肝、利尿、抗疲劳、耐缺氧、增强记忆力、免疫兴奋和抑制作用。

用于高血压、糖尿病、冠心病、耳聋耳鸣、腰膝酸软、遗精滑精、小便频数、虚汗不止、妇女崩漏。内服：5～10 g。命门火炽、素有湿热、小便淋涩者禁服。

1.腰膝酸软：牛膝、山茱萸各50 g，桂心1 g。研细，饭前温酒调服6 g。

2.糖尿病：肉苁蓉（酒炙）、五味子（炒）、山茱萸、山药等分。研末，为丸如梧桐子大。每服15粒，一日二次。

山茱萸始载于《神农本草经》，列为中品，是古方应用较多的品种之一，也是目前中成药如六味地黄丸、金匮肾气丸等的主要原料药。为我国常用名贵中药材，应用历史悠久。

西藏青荚叶

204. 叶长花（叶上珠、叶上花、叶上果）

为山茱萸科植物西藏青荚叶*Helwingia himalaica* Clarke的叶、根及茎髓。

灌木。叶长椭圆状披针形或披针形，边缘具刺状锯齿，顶端尾状渐尖。雌雄异株；雄花具梗，6～14朵成密聚伞花序，生于叶上面中脉近基部或嫩枝上；雌花无梗，1～3朵生于叶上面中脉上；花瓣4片，三角状卵形。核果卵球形，红色，具棱。生于林下潮湿处。分布于四川、贵州、云南、广东、广西、西藏等省区。

叶用于感冒咳嗽、风湿痹痛、胃痛、痢疾、便血、月经不调、跌打淤肿、骨折、疮疖痈肿、毒蛇咬伤。内服：9～15 g。外用适量。根用于久咳虚喘、劳伤腰痛、风湿痹痛、跌打肿痛、胃痛、月经不调、产后腹痛。茎髓用于乳少、乳汁不通。

痢疾：叶长花25 g，马齿苋、蒲儿根各12 g。水煎服。

花、果均生于叶面中部，极具观赏价值。

205. 杜鹃花（山石榴）

为杜鹃花科植物杜鹃花*Rhododendron simsii* Planch.的花、果、根及叶。初春时节，花开遍野，映得满山皆红，因而又名“映山红”、“艳山红”。

灌木，全株密被红棕色或褐色糙伏毛。叶卵状椭圆形或长卵状披针形。伞形花序；萼5深裂；花冠宽漏斗状，蔷薇色、深红色至紫色，5裂，上方1瓣及近侧2瓣里面有深红色斑点。蒴果卵圆形。生于丘陵、山地、疏灌丛中。分布于长江流域以南各地。

花含花色甙和黄酮醇类。叶和嫩枝含黄酮类、香豆精、三萜类、有机酸、氨基酸、鞣质、酚类、甾醇、强心甙、挥发油等。

花有止咳、祛痰、抗白内障作用。

花用于吐血、崩漏、月经不调、咳嗽、风湿痹痛、痈疮肿毒。内服：9～15 g。外用适量。根用于月经不调、吐血、便血、崩漏、痢疾、脘腹疼痛、风湿痹痛、跌打损伤。叶用于痈肿疮毒、荨麻疹、外伤出血、支气管炎。果用于跌打肿痛。有毒。孕妇忌服。

1.痈毒：杜鹃花5～7个，或嫩叶适量。嚼烂敷患处，禁忌色、腥。

2.外伤出血：杜鹃鲜叶适量。捣烂，外敷伤口。

杜鹃是当今世界上最著名的花卉之一。木材、根蔸，质地细腻、坚韧，可制碗、筷、盆、钵、烟斗、根雕等日用品和工艺品。杜鹃是尼泊尔国花。

• 杜鹃花

206. 朱砂根

（紫金牛、高八爪龙、凉伞遮金珠、高脚罗伞、大罗伞、富贵子）

• 朱砂根

为紫金牛科植物朱砂根*Ardisia crenata* Sims的根。折断受伤的根或用利刀切断，可见切断面布满朱砂红的血点，因此名“朱砂根”。

灌木。叶椭圆形至倒披针形，边缘皱波状或具波状齿，有腺点。伞形花序或聚伞花序；花瓣白色，稀粉红色，具腺点。果球形，鲜红色，具腺点。生于林下或灌丛中。分布于西藏东南部、长江流域及其以南各省区。

含朱砂根甙、朱砂根新甙、百两金皂甙、单糖甙、岩白菜素及其衍生物、β-谷甾醇、紫金牛酮、胡萝卜素、脂肪酸、糖类等。

有抗生育、止咳平喘、驱虫、杀虫、抑菌、抑制血小板聚集、降血压作用。

用于咽喉肿痛、牙痛、风湿热痹、黄疸、肺结核、痢疾、跌打损伤、丝虫病引起的淋巴管炎、乳腺炎、睾丸炎、毒蛇咬伤。内服：15～30 g。外用适量。孕妇慎服。

1.咽喉肿痛：朱砂根6 g，射干3 g，甘草3 g。水煎服。

2.跌打损伤、关节风痛：朱砂根9～15 g。水煎或冲黄酒服。

果可食，榨油可制肥皂。株形优美，常绿，春节时满枝红果累累，十分可人，为常见盆景树。

207. 四块瓦

（四大天王、四儿风、大四块瓦、四片瓦、重楼排草）

为报春花科植物落地梅*Lysimachia paridiformis* Franch.的全草。

草本。根簇生，密被黄褐色绒毛。茎不分枝，节稍膨大。叶4～6片在茎端轮生，极少出现第2轮叶，下部叶退化；叶片倒卵形以至椭圆形，两面散生黑色腺条。花集生茎端成伞形花序；花冠黄色，5裂，裂片狭长圆形；雄蕊5枚，花丝基部合生成筒。蒴果球形，淡黄褐色。生于山谷林下湿润处。分布于湖北、湖南、四川、贵州、云南、广东、广西等省。

含重楼排草甙（paridifomoside），甙元为仙客来甙元。

有兴奋子宫平滑肌的作用。

用于风湿疼痛、脘腹疼痛、风寒咳嗽、跌打损伤、痈肿疔疮、毒蛇咬伤。内服：15～30 g。外用适量。

1.风湿腰痛：四块瓦、石南藤、大叶千斤拔、淫羊藿、续断各15 g。水煎服。

2.外感风寒咳嗽：四块瓦、紫苏根、肺经草各15 g，陈皮、甘草各6 g。水煎服。

• 落地梅

208. 蓝雪花（蓝花丹、蓝花矶松、蓝茉莉）

为白花丹科植物蓝雪花*Plumbago auriculata* Lam.的根。

灌木，高1～2 m。枝有棱槽，初直立，后俯垂。单叶互生，长圆形或长圆状卵形，长2～6 cm。穗状花序顶生或腋生，花萼具黏质腺毛；花冠高脚碟状，浅蓝色，筒长约3 cm，蒴果盖裂。我国南方各地常见栽培。

含矶松素、β－谷甾醇等。

有抗菌作用。

用于风湿痹痛、跌打损伤、关节疼痛、疥疮湿癣。外用适量。有毒。

牛皮癣：蓝雪花鲜品适量。捣烂外敷，至感觉热辣时除去，待皮肤癣皮层脱落后，再如法敷用。

花期长，适合庭园丛植、花坛、地被或盆栽。

• 蓝雪花

209. 连翘

为木犀科植物连翘*Forsythia suspensa* (Thunb.) Vahl的果实及根。其属名forsythia是为了纪念苏格兰的植物学家William Forsyth而命名。

灌木。枝稍带蔓性，常着地生根，髓中空。单叶或3小叶；叶片长卵形至圆形，边缘有锯齿。花先叶开放；花冠基部管状，上部4裂，裂片卵圆形，金黄色，通常具橘红色条纹。蒴果狭卵形，略扁，有短喙，熟时2瓣裂。种子棕色，狭椭圆形，扁平，一侧有薄翅。全国各地栽培。

果壳含连翘酚、甲氧基香豆精、熊果酸、芦丁、齐墩果酸、甾醇、生物碱、皂甙。种子含三萜皂甙、熊果酸、芦丁、挥发油。花含槲皮素葡萄糖甙、芦丁。叶含连翘甙、连翘脂素、熊果酸、芦丁。

果实有抗菌、保肝、抗炎、镇吐、解热、降压作用。根有退烧作用。幼枝和叶煎汁对乳腺癌有疗效。

• 连翘

果实用于温热、丹毒、斑疹、痈疡肿毒、小便淋闭、流行性感冒、伤风、发烧、麻疹、水痘、咽喉肿痛、脑中风。内服：9～15 g。外用适量。根用于伤寒淤热欲发。

1.预防流感：银花、连翘、蒲公英、野菊花各120 g，车前草、桑叶各60 g，红糖150 g。水煎服。并用2.5%黄连煎液滴鼻。

2.流行性乙型脑炎早期轻型：连翘、大青叶、板蓝根、藿香叶、薄荷叶、栀子、菊花、甘草各9 g。水煎服。

连翘为最常用中药之一。花先叶开放，满枝金黄，艳丽可爱，是早春优良观花灌木。

210. 金钟花（黄藤、黄金条、细叶连翘、迎春柳）

为木犀科植物金钟花*Forsythia viridissima* Lindl.的根、叶、果壳。

• 金钟花

半常绿灌木。枝蔓延，小枝略呈四棱状，髓薄片状。叶长椭圆形至披针形，上部边缘有锯齿，或近全缘。花黄色，先叶开放，1～6朵腋生；萼4裂；花冠钟形，4裂，裂片狭矩圆形，雄蕊2枚，子房上位。蒴果卵球形，先端尖嘴状。生于溪边、林中。分布于我国东部、中部、西南部各省区。

用于流行性感冒、目赤肿痛、疥疮、筋骨酸痛、颈淋巴结核。内服：9～15 g。外用适量。

金钟花先花后叶，金黄灿烂，可丛植于草坪、墙隅、路边、树缘，院内庭前等处供观赏。

211. 小蜡树（山蜡树、山雪子、山指甲、蚊子花、水黄杨）

为木犀科植物小蜡*Ligustrum sinense* Lour.的叶。

灌木。枝条多而短，密生短柔毛。叶卵状长圆形或长椭圆形。花在枝端簇生成长10～20 cm的圆锥状花序；花冠白色，极芳香，裂片4片，比管部长，花药伸出。核果近圆形。生于疏林中、路旁、沟边。分布于长江以南各省区。

种子含油脂。

有广谱抑菌作用。可抗感染、保护烧烫伤创面。

用于急性黄疸性肝炎、痢疾、创伤感染、烧烫伤、牙痛、劳伤咳嗽、外伤、口腔溃疡、急性扁桃体炎、肺炎、疮痈等。内服：15～30 g。外用适量。

烫伤：小蜡适量，或加迎春花叶各等量。研细粉，香油调敷患处。

小蜡原产中国，枝叶稠密又耐修剪整形，适合作绿篱，树桩可作盆景。叶可代茶饮。

● 小蜡

212. 青鱼胆草（水灵芝、水黄连）

为龙胆科植物川东獐牙菜*Swertia davidi* Franch.的全草。

• 川东獐牙菜

草本。根黄色。茎四棱形，基部多分枝。叶线形至线状椭圆形。圆锥状复伞形花序，稀为聚伞花序；花梗纤细；花瓣4裂，裂片卵形或卵状披针形，蓝色或淡紫色，内侧基部有2个沟状腺体，腺体具长毛状流苏。蒴果椭圆形。生于林下、河边、潮湿地。分布于安徽、浙江、湖北、湖南、四川、云南等省。

含秦艽碱甲、熊果酸、雏菊叶龙胆酮、苦龙胆酯苷、雏菊叶龙胆苷等。

有保肝、抗菌作用。

用于湿热黄疸、肺热咳嗽、咽喉肿痛、牙痛、痢疾肠炎、慢性溃疡性结肠炎、胃炎、胆囊炎、尿路感染、化脓性骨髓炎、结膜炎、附件炎、盆腔炎、带状疱疹、疥癣疮毒、蛇咬伤。内服：3～9 g。外用适量。

1．肺炎：青鱼胆草10 g，栀子12 g，黄芩9 g。水煎服。

2.带状疱疹：青鱼胆草适量。捣烂，搽患处。

本品为草医常用治肝胆药。

213. 罗布麻

（红麻、茶叶花、红柳子、野麻、羊肚拉角、泽漆麻）

为夹竹桃科植物罗布麻*Apocynum venetum* L.的叶。

草本，全株含黏稠的白色乳汁。茎向阳面通常紫红色。叶卵状披针形或长圆状披针形。聚伞花序；花粉红色，窄钟形，5裂。种子多数，顶生一簇白色细长毛。生于河滩、山沟、山坡、林缘湿地。分布于我国东北、华北、西北地区及河南省。

根含罗布麻甙。茎含酯类。叶含槲皮素、三十醇、羽扇醇棕榈酸酯、二十九烷、橡胶、黄酮甙、甾类化合物、鞣质、酸性物质、多糖类、蛋白质。

有降血压、强心、镇静、利尿、抑菌、抗辐射、抗鼻病毒及流感病毒、抗遗传损伤、抗突变、抗癌作用。可降低环磷酰胺引起的小鼠骨髓微核率增高、脾脏萎缩、生长阻滞、细胞染色体损伤等。对肝脏药物代谢酶亦有影响。

用于高血压病、头痛、眩晕、失眠、神经衰弱、惊痫抽搐、防治感冒。内服：4.5~9.0 g。

高血压、头痛、头晕、失眠：罗布麻3~5 g。水煎服。

罗布麻茎皮强韧，为良好的野生纤维原料。民间采其嫩叶加工后代茶饮，以降血压。但如果长期当作普通茶叶饮用就会导致肾衰竭、尿毒症。而且，这种损害是不可逆的。

• 罗布麻

● 长春花

214. 长春花（雁来红、日日草、三万花、四时春、人面桃花）

为夹竹桃科植物长春花*Catharanthus roseus* (L.) G. Don的全草。

草本。叶倒卵状长圆形。花冠高脚碟状，红色或粉红色，裂片5片，宽倒卵形，旋卷；雄蕊着生于冠筒近喉部；心皮2枚。蓇葖果双生，长圆状。种子长圆状圆筒形，具颗粒状小瘤。广栽于公园或庭园中。

从全草中分离出70余种生物碱，其中有6种具有抗肿瘤作用：长春碱、长春新碱、环氧长春碱、异长春碱、长春文碱、罗威定碱。5种具有抗病毒作用：卡罗新碱等。生物碱含量由于集采期和产地等条件而有很大差异。亦含类胰岛素物质。

有抗肿瘤、降血压、利尿、降血糖作用。

用于急性淋巴细胞性白血病、糖尿病、高血压病。内服：9～15 g。有毒。

急性淋巴细胞性白血病：长春花15 g。水煎服。

长春花花期长，适合布置花坛，也可作盆栽观赏。

215. 狗牙花（白狗牙、豆腐花、狮子花、风沙门、重瓣狗牙花）

为夹竹桃科植物狗牙花*Ervatamia divaricata*（L.）Burk. cv. Gouyahua的根、叶及花。

灌木至小乔木。叶椭圆形。聚伞花序通常双生，集在小枝端部呈假二歧状；萼5裂，内面基部有腺体；花冠白色，重瓣，边缘有皱折，花冠筒长达2 cm。蓇葖果叉开或弯曲；种子长圆形。福建、台湾、广东、海南、广西、云南等地有栽培。

根含生物碱。根用于高血压病、咽喉肿痛、痈疽疮毒、跌打损伤、骨折。内服：10～30 g。外用适量。叶、花用于疮疥、乳腺炎、疯狗咬伤。

深部脓肿：狗牙花90 g，炖酒服。外用狗牙花叶、乌蔹莓叶、橘叶、柚叶各等分，捣敷。

花可作提制高血压药的原料。是优良的园林景观及盆栽花卉。

• 狗牙花

216. 鸡蛋花（缅栀子、大季花、蛋黄花）

为夹竹桃科植物钝叶鸡蛋花*Plumeria abtusa* L.的花及树皮。

灌木至小乔木。小枝折断有白色乳汁流出。叶集于枝顶，倒卵披针形至矩圆形，羽状侧脉在近叶缘处明显连结成网。聚伞花序；花极香，基部管状，裂片5片，倒卵形，白色，内面基部黄色。蓇葖果条状矩圆形。我国福建、广东、广西、云南、台湾等地栽培。

花含鸡蛋花酸、甙类、挥发油。茎皮含鸡蛋花甙。根含鸡蛋花素、异鸡蛋花素、褐鸡蛋花素、二氢鸡蛋花酸。叶含黄酮甙。乳汁含羽扇醇及其乙酸酯等。

有局部麻醉、非特异性解痉、泻下作用。

用于预防中暑、肠炎、细菌性痢疾、消化不良、小儿疳积、传染性肝炎、支气管炎。内服：3～9 g。乳汁有毒。

细菌性痢疾：鸡蛋花、木棉花、金银花各9 g。水煎服。

鲜花所含芳香油为调制化妆品及高级皂用香精原料。鸡蛋花树形美观，茎多分枝，千姿百态，为热带地区园林绿化、盆栽观赏佳品。木材白色，质轻而软，可制乐器、餐具或家具。

钝叶鸡蛋花

217. 萝芙木（山辣椒、山马蹄、萝芙藤）

为夹竹桃科植物萝芙木*Rauvolfia verticillata*（Lour.）Baill.的根及全株。

灌木，具乳汁。叶长椭圆状披针形。聚伞花序；花冠高脚碟状，白色，筒中部膨大，上部裂片5片，向左覆盖。核果卵形或椭圆形，绿色渐变红色，熟时紫黑色。生于溪沟边、山坡、疏林下、灌丛中。分布于广东、广西、贵州、云南等省区。浙江、福建、四川省有栽培。

根含利血平、育亨宾、萝芙木碱、萝芙木甲素、山马蹄碱、蛇根亭碱、熊果酸。茎皮含利血平、萝芙木碱、蛇根碱、育亨宾等。叶含马蹄叶碱、维洛斯明碱、蛇根碱等。

根总生物碱有降压、使小白鼠活动减少、安静、增强巴比妥类催眠药作用。

用于感冒发热、头痛身疼、咽喉肿痛、高血压、眩晕、失眠、肝炎、疟疾、蛇咬伤、腰痛。内服：9～30 g。外用适量。有小毒。

高血压头晕：萝芙木30 g，杜仲15 g。水煎服。

萝芙木所含生物碱为“降压灵”药物原料，作镇静剂以治疗过度紧张及高血压。

• 萝芙木

218. 隔山撬（隔山消、白何首乌、白首乌、野番薯）

为萝藦科植物隔山消*Cynanchum wilfordii*（Maxim.）Hemsl.的块根。

草质藤本。肉质根近纺锤形，灰褐色。茎被单列毛。叶卵形，基部耳状心形，两面被微柔毛。近伞房状聚伞花序半球形；花冠淡黄色，辐状，裂片5片，长圆形，内面被长柔毛；副花冠裂片近四方形。蓇葖果单生，披针形，长达12 cm。种子卵形，顶端具长约2 cm的白色绢质种毛。生于山坡、山谷或灌木丛中。分布于辽宁、山西、陕西、甘肃、新疆、山东、江苏、安徽、河南、湖北、湖南、重庆、四川等省市。

含隔山消甙（wilfoside）、白首乌新苷等。

有抗氧化、抗肿瘤、降血脂、保肝、促动脉平滑肌细胞增生、调节免疫功能、降低心肌细胞耗氧量作用。

• 隔山消

用于肝肾两虚、头昏眼花、失眠健忘、须发早白、阳痿、遗精、腰膝酸痛、头晕耳鸣、心悸失眠、脾虚不运、脘腹胀满、食欲不振、小儿疳积、泄泻、产后乳汁稀少、疮痈肿痛、毒蛇咬伤、鱼口疮毒。内服：6～15 g。外用适量。内服不宜过量。

胃痛、痢疾腹痛：隔山撬、蒲公英各9 g。水煎服。

宋《开宝本草》称何首乌“有赤、白二种”，赤者指蓼科何首乌，白者可能即指隔山消。《救荒本草》的“牛皮消”，《植物名实图考》的“飞来鹤”均为此种。江苏滨海县对其栽培已有100余年历史。江苏部分地区以其块根作何首乌用，并以根磨粉制成“何首乌粉”出售，现改称为“白首乌粉”。

219. 面根藤

（打破碗、面根草、狗儿完、奶浆藤、小旋、南面根）

为旋花科植物打碗花*Calystegia hederacea* Wall.的全草。

蔓性草本。基部叶长圆形，戟形，上部叶3裂，中裂片长圆形或长圆状披针形，侧裂片近全缘或2～3裂。花冠淡紫色或淡红色，钟状；柱头2裂，裂片长圆形。蒴果卵球形，外包宿存萼片。种子黑褐色。常见于农田、荒地、路边。全国各地均有分布。

根茎含防己内酯、掌叶防己碱。叶含山柰酚-3-半乳糖甙。

用于脾胃虚弱、消化不良、小儿吐乳、五淋、带下、月经不调、寻常疣。内服：10～30 g。

肾虚耳聋：鲜面根藤根、响铃草各120 g。炖猪耳朵服。

嫩茎叶可作蔬菜。

• 打碗花

220. 牵牛子（金铃、丑牛子、喇叭花、二丑）

为旋花科植物牵牛*Pharbitis nil* (L.) Choisy.的种子。

缠绕性草本。茎左旋，被毛。叶宽卵形或近圆形，深或浅3裂，偶有5裂，基部心形，侧裂片较短。花单一或2～3朵成伞形聚伞花序；苞片2，线形或叶状；花冠漏斗状，蓝紫色或紫红色。蒴果近球形，3瓣裂。种子卵状三棱形，黑褐色或米黄色。生于田边或山谷林内。我国各地多见。

含苷类（牵牛子甙pharbitin等）约3%、生物碱、蒽醌类、咖啡酸、β-胡萝卜甙、β-谷甾醇。含脂肪油约17.50%，是人体必需的不饱和脂肪酸，亦含氨基酸、矿质元素。未成熟种子含多种赤霉素及其葡萄糖甙。

有强泻下、利尿、驱虫、兴奋子宫、改善小鼠记忆获得性障碍作用。

用于便秘、水肿、单纯性肥胖症、精神病、癫痫病、小儿肺炎、小儿高热、腹水、脚气、痰壅喘咳、食滞虫积、腰痛、阴囊肿胀、痈疽肿毒、痔漏便毒等。内服：3～6 g。有毒。炒用药性较缓。不宜多服、久服，以免引起头晕头痛、呕吐、剧烈腹痛腹泻、心率加快、心音低钝、语言障碍、突然发热、血尿、腰部不适，甚至高热昏迷、幻觉、四肢冰冷、口唇发绀、全身皮肤青紫、呼吸急促短浅等中毒反应。孕妇禁服，体质虚弱者慎服。

腰脚湿气疼痛：黑牵牛、大黄各10 g，白术5 g。研末，炼蜜为丸如桐子大。每服30丸，饭前生姜汤下。

现代医学认为，老年性痴呆患者主要出现老年斑和神经纤维缠结等典型病理改变。牵牛子对这一病理改变有缓解作用，对东莨菪碱所致小鼠记忆获得性障碍可见比较明显的改善，因而可望开发成抗老年性痴呆药物。花可食用，宋代民间习俗用牵牛花同姜作蜜饯。

• 牵牛

221. 福建茶（猫仔树）

为紫草科植物基及树*Carmona microphylla*（Lam.）Don.的叶。

常绿灌木，高可达3 m。多分枝。叶在长枝上互生，在短枝上簇生，叶小，革质，深绿色，倒卵形或匙状倒卵形，边缘常反卷，先端有粗圆齿，表面有光泽，有白色圆形小斑点，叶背粗糙。聚伞花序腋生，或生于短枝上；花冠白色或稍带红色，针状。核果球形，成熟时红色或黄色。生于山坡、灌丛中。分布于福建、台湾、广东、广西省区。

叶用于疔疮。内服：3～9 g。外用适量。

萌芽力强，耐修剪，园林中常用作绿篱、花坛、片植或制作盆景。

基及树

222. 臭牡丹（臭八宝、矮桐子、臭茉莉、臭芙蓉）

为马鞭草科植物臭牡丹*Clerodendrum bungei* Steud.的全草及根。

灌木，有臭味。叶柄、花序轴密被毛。叶宽卵形或卵形，基部心形或宽楔形，边缘有齿，基部脉腋有数个盘状腺体。伞房状聚伞花序密集；花冠淡红色、红色或紫红色，管长2～3 cm，5深裂，裂片倒卵形。核果近球形，熟时蓝紫色。生于山坡、路旁及灌丛中。分布于我国华北、西北、西南地区及江苏、安徽、浙江、江西、湖南、湖北、广西等省区。

根含有机酸、乳酸镁、硝酸钾、麦芽醇、β－谷甾醇、蒲公英甾醇、算盘子酮、臭牡丹甾醇、赪桐酯、α－香树脂醇等。地上部分含挥发油。

根对免疫功能有不同程度的促进作用，并具有镇静、镇痛、抗肿瘤、抑菌作用。

全草用于痈疽、疔疮、发背、乳痈、痔疮、湿疹、丹毒。根用于风湿痹痛、跌打损伤、头晕、食积、淋浊带下、高血压病。内服：10～15 g，鲜品30～60 g。外用适量。

1.多发性疖肿：臭牡丹全草90 g，鱼腥草30 g。水煎服。

2.高血压：臭牡丹根、玉米须、夏枯草各30 g，野菊花、豨莶草各10 g。水煎服。

• 臭牡丹

223. 九龙吐珠（白苞赪桐）

为马鞭草科植物龙吐珠*Clerodendrum thomsonae* Balf.f.的叶。

柔弱木质藤本。幼枝4棱形，被毛，中髓疏松，干后中空。叶卵状矩圆形或卵形。聚伞花序2歧分枝；苞片狭披针形；萼裂片白色；花冠5裂，裂片深红色，椭圆形；雄蕊4枚，与花柱伸出花冠外。核果近球形，棕黑色，萼宿存，紫红色。我国南方庭园栽培。

全株含美利妥双甙、桃叶珊瑚甙、雷朴妥甙、筋骨草甙等。

用于跌打损伤、慢性中耳炎。内服：6～15 g。

慢性中耳炎：九龙吐珠叶12～13片。加糖冬瓜，水煎服。

为盆栽观花植物。

● 龙吐珠

224. 五色梅（红彩花、头晕花、如意花）

为马鞭草科植物马缨丹*Lantana camara* L.的根及枝叶。本品花有红、粉红、黄、橙黄、白等各色，故名“五色梅”。

半藤状灌木，有强烈臭气，全株被短毛。茎枝常有下弯钩刺。叶卵形或长圆状卵形，边缘有钝齿，上面脉网稍呈皱纹状，下面被刚毛。伞形花序；花冠高脚碟状，4～5裂。核果球形，肉质，熟紫黑色。生于山坡、路旁及林缘。我国大部分地区有栽培。

叶含马缨丹酸、马缨丹诺酸、齐果酮酸、缨丹素、马缨丹黄酮甙、马缨丹碱、挥发油等。根含糖类、甙类、有机酸。

根有解热、抑菌、兴奋肠管、抑制子宫、平喘、抗痉挛作用。所含生物碱降血压，并可使呼吸加速，引起震颤。

根用于感冒高热、颈淋巴结核、风湿骨痛、胃痛、疝气、跌打损伤。内服：30～60 g。枝叶外用治湿疹、皮炎、皮肤瘙痒、疖肿、跌打损伤、支气管疾病、眼睛酸痛和发烧。有毒。人畜误食过量，会造成慢性肝中毒，有发烧、衰弱、呕吐、腹泻、步履不稳、呼吸急促、昏迷、黄疸等症状。

感冒高热：五色梅根、算盘子根、岗梅根各30 g。水煎服。

本品叶饲喂牛、羊，可导致严重黄疸及光敏作用。蜜源植物。五色梅花色美丽，花期长，抗尘、抗污力强，可植于公园、庭院、道路两侧，供旷野观赏。

• 马缨丹

225. 蔓荆子（蔓荆实、荆子、万荆子、蔓青子）

为马鞭草科植物单叶蔓荆*Vitex trifolia* L. var. *simplicifolia* Cham.的果实。

小灌木，全株被灰白色柔毛。主茎匍匐，幼枝四棱形。叶倒卵形至椭圆形，背面粉白色。圆锥花序顶生；花冠淡紫色，5裂，下面1片最大，宽卵形，内面中下部有毛；雄蕊4枚，伸于花冠管外。核果球形，具宿萼。喜生于海滨沙滩地及湖畔，亦有栽培。分布于辽宁、河北、山东、江苏、安徽、浙江、江西、福建、台湾、广东等省区。

含挥发油、黄酮类、甾醇类及有机酸等。

有镇痛、抗炎、抗凝血、降血压、祛痰、平喘、抑制黑色素形成作用。

用于外感风热、头昏头痛、偏头痛、牙龈肿痛、目赤肿痛多泪、目睛内痛、昏暗不明、湿痹拘挛。内服：6～10 g。外用适量。胃虚者慎服。

1.外感风热、头痛、目痛，神经性头痛：蔓荆子9 g，桑叶、菊花、薄荷、白芷、荆芥子各9 g。水煎服。

2.偏头痛：蔓荆子10 g，甘菊花8 g，川芎4 g，细辛3 g，甘草4 g，白芷3 g。水煎服。

蔓荆子具有生长快、抗逆性强、繁殖容易的特点，是优良的地被植物，特别适用于沙地和碱性土壤地区绿化。

• 单叶蔓荆

226. 黄荆子（布荆子、黄金子）

为马鞭草科植物黄荆*Vitex negundo* L.的果实、枝叶及根。

灌木，被灰白色短柔毛。小枝四棱形。掌状复叶，小叶长圆状披针形至披针形。聚伞花序排列成圆锥花序式，顶生；花冠淡紫色，5裂，二唇形；雄蕊伸于花冠管外。核果褐色，近球形。生于山坡、路旁或灌丛中。分布于长江以南各地。

黄荆

种子含对-羟基苯甲酸、α-蒎烯、5-氧异酞酸、蒿黄素、葡萄糖、脂肪油、有机酸、挥发油等。

果实有维持精子活力、抗炎、镇咳、平喘、抗微生物、溶解胆结石、降血脂、预防动脉硬化作用。对腹腔巨噬细胞活力有显著提高作用。叶有抗基因毒性作用。

果实用于伤风感冒、咳嗽、慢性支气管炎、胃痛吞酸、消化不良、食积泻痢、胆囊炎、胆结石、疝气。内服：5～10 g。湿热燥渴无气滞者忌用。枝叶、根用于风湿、疮肿。

1. 哮喘：黄荆子6 g。研粉，加白糖适量，每日2次，水冲服。

2. 疝气：黄荆子、小茴香各9 g，荔枝核12 g。水煎服。

德国专利报道了一种含有α-蒎烯等的胆结石溶解剂，可以在60分钟内将人类胆汁中的胆固醇结石溶解；α-蒎烯可阻碍血脂在肝脏、主动脉和心脏的沉积，并可阻碍动脉瘤斑块在主动脉内膜的形成，因而可成为一种动脉粥样硬化的防治剂。黄荆种子炒后粉碎作为饲料添加剂，饲喂哺乳母猪，可以预防仔猪白痢，使其发病率下降，同时能提高仔猪断乳窝重；饲喂雏鸡能增强其抗病力，提高成活率。茎皮的纤维组织是造纸的优良材料。叶晒干燃烟的特殊气味，可代蚊香用以驱虫。由于树性强健、耐旱、耐瘠，是良好的水土保持植物。可提染料。枝非常不易裂。嫩叶可食。

227. 藿香（土藿香、川藿香、苏藿香、野藿香、鸡苏麻叶）

为唇形科植物藿香*Agastache rugosa*（Fisch. *et* Mey.）O.Kuntze的地上部分。

草本。茎四棱形。叶椭圆状卵形，基部圆形或略带心形，边缘具钝齿；上面散生透明腺点，下面被短柔毛。总状花序；苞片大；花冠唇形，紫色或白色，下唇3裂，两侧裂片短，中间裂片扇形，边缘有波状细齿。小坚果。生于山坡或路旁。分布于我国东北、华东、西南地区及河北、陕西、河南、湖北、湖南、广东等省。

地上部分含挥发性成分（甲基胡椒酚占60.01～88.43%）、木脂素类化合物、黄酮类。根含山楂酸、齐墩果酸、刺槐素、椴树素、藿香甙、胡萝卜甙、β－谷甾醇等。

有抗菌、抗病毒、抗螺旋体作用。具细胞毒活性。挥发油能促进胃液分泌，提高消化能力，对胃肠道有解痉作用。

用于夏令感冒、中暑、寒热头痛、胸脘痞闷、呕吐泄泻、妊娠呕吐、慢性咽炎、鼻炎、鼻窦炎、湿疹、皮肤瘙痒、手足癣。内服：6～10 g。外用适量。不宜久煎。阴虚火旺者禁服。

1.夏日感冒、胸膈满闷：藿香、滑石各15 g，佩兰、竹叶各9 g，甘草6 g。水煎服。

2.预防伤暑：藿香、佩兰各等分。煎水饮。

藿香原产我国，栽培历史悠久。适于池畔和庭院成片栽植，也可盆栽观赏。嫩叶可食。

• 藿香

228. 白毛夏枯草

（青鱼胆草、青鱼胆筋骨草、筋骨草、散血草）

为唇形科植物金疮小草*Ajuga decumbens* Thunb.的全草。清《本草纲目拾遗》谓本品“叶梗同夏枯草，惟叶上有白毛。”因而得名。

草本，全体被白色长柔毛，幼嫩部分尤多。具匍匐茎，老茎有时紫绿色。基生叶较大；叶匙形或倒卵状披针形，顶端钝至圆形，基部下延，边具波状圆齿或近全缘。轮伞花序多花，排成间断的假穗状花序；苞片叶状，向上渐小；萼漏斗状，10脉，齿5；花冠淡蓝色或淡红紫色，近基部具毛环；檐部二唇形，上唇圆形，微凹，下唇伸延，3裂，中裂片狭扇形或倒心形；雄蕊4枚，2强；子房无毛；花盘前方具一指状腺体。小坚果倒卵状三棱形，具网纹。生于溪边、田边及草坡。分布于长江流域以南各省区。

含金疮小草素、甾酮、筋骨草内酯、筋骨草糖、黄酮甙、皂甙及生物碱等。

用于上呼吸道感染、扁桃体炎、咽炎、支气管炎、肺炎、肺脓疡、胃肠炎、肝炎、阑尾炎、乳腺炎、急性结膜炎、高血压、跌打损伤、外伤出血、痈疖疮疡、烧烫伤、毒蛇咬伤。内服：9～15 g（鲜者60～90 g）。外用适量。捣敷或鲜品取汁含漱。孕妇忌服。

1.肺热咯血：白毛夏枯草15 g，白茅根、冰糖各30 g。水煎服。

2.跌打损伤：鲜白毛夏枯草适量。加少量生姜、大葱，捣烂外敷伤处。

• 金疮小草

● 风轮菜

229. 风轮菜

（蜂窝草、九层塔、熊胆草、断血流、苦刀草、山薄荷）

为唇形科植物风轮菜*Clinopodium chinense*（Benth.）O. Ktze.的全草。

草本。茎四棱形，被短柔毛及腺毛。叶卵圆形，边缘具齿，被毛。轮伞花序；花冠紫红色，二唇形，内面喉部具毛茸，下唇3裂；雄蕊4枚，2强。小坚果倒卵形。生于山坡、草丛、路边或林下。分布于我国华东地区及湖北、湖南、广东、广西、云南等省。

含三萜皂甙、黄酮类、熊果酸等。

有止血、抑菌作用。

用于感冒发热、中暑、咽喉肿痛、白喉、急性胆囊炎、肝炎、肠炎、痢疾、腮腺炎、乳腺炎、疔疮肿毒、过敏性皮炎、急性结膜炎、尿血、崩漏、牙龈出血、外伤出血、狂犬咬伤、蛇咬伤。内服：10～15 g。外用适量。

1. 感冒寒热：风轮菜15 g，阎王刺6 g。水煎服。

2. 各种出血：风轮菜15～30 g。水煎服。

230. 活血丹

（连钱草、铜钱草、透骨消、透骨风、过墙风、一串钱、破铜钱）

• 活血丹

为唇形科植物活血丹*Glechoma longituba* (Nakai) Kupr.的全草。

草本，幼嫩部分被疏长柔毛。茎四棱形。叶心形或近肾形，边具圆齿。轮伞花序通常2花；花冠蓝或紫色，2唇形；冠筒有长、短两型；上唇2裂，裂片近肾形，下唇具深色斑点；花盘杯状，前方呈指状膨大。小坚果长圆状卵形，深褐色。生于林缘、林下或阴湿处。除甘肃、青海、新疆及西藏外，全国各地均有分布。

茎叶含挥发油，主成分为左旋松樟酮、左旋薄荷酮、α-蒎烯（α-pinene）等。成分随产地、采期及其他因素而有所差异。还含欧亚活血丹呋喃、有机酸、胆碱、维生素C、水苏糖等。

有促进胆汁分泌、利尿、溶解结石、祛痰、抑菌作用。

用于泌尿系感染、肾结石、胆囊炎、胆结石、肺热咳嗽、慢性鼻黏膜炎、疮痈肿痛、跌打损伤。内服：15～30 g。外用适量。阴疽、血虚者及孕妇慎服。

1.胆囊炎、胆结石：活血丹、蒲公英各30 g，香附子15 g。水煎服。

2.肺热咳嗽、肺痈：活血丹60 g，甘草30 g。用大麦煎汤浸泡1～2 h。去渣加蜂蜜15 g，当茶饮。

幼叶可拌沙拉或制成茶（吉尔茶）。

231. 独一味

为唇形科植物独一味*Lamiophlomis rotata*（Benth.）Kudo的根及根状茎。

无茎矮小草本。根状茎粗厚。叶常4枚，辐状两两相对，贴生地面，菱状圆形或横肾形，基部楔形或心形，边具圆齿，上面密被白色疏柔毛，下面网脉下陷，密被绒毛，叶脉扇形；叶柄扁平而宽，多少抱茎。轮伞花序密集排列成有短葶的头状或短假穗状花序，有时下部具分枝而呈短圆锥状；苞片具针刺状；花萼筒状唇形，齿顶端具小刺尖；花冠二唇形，淡紫色、红紫色或粉红褐色，筒内中部有斜向毛环，下唇3圆裂，中裂片最大；雄蕊4枚，前对稍长。小坚果。生于高山强度风化的碎石滩中或石质高山草甸、河滩地。分布于甘肃、青海、四川、云南、西藏等省区。

叶含木樨草素。根含β-谷甾醇、棕榈酸、独一味素。地上部分含山栀甙甲酯、胡麻属甙。

独一味皂甙及醇提物有显著提高非特异性免疫和特异性细胞免疫的作用。有镇痛、止血、抗菌、抗肿瘤作用。

根状茎用于跌打损伤、各种疼痛、外伤出血、关节肿痛、痛经、崩漏、慢性结肠炎、卵巢肿瘤。内服：3～6 g。外用适量。无淤滞者及孕妇忌服。有小毒。

跌打损伤、软组织扭、挫伤、外伤出血：独一味鲜品适量。捣烂，敷伤处。

• 独一味

232. 益母草（月母草、地母草）

为唇形科植物益母草*Leonurus japonicus* Houtt.的全草。《纲目》："此草及子皆芜盛密蔚，故名芜蔚。其功宜于妇人及明目益精，故有益母之称。"

• 益母草

草本。茎四棱形。叶形多种。基生幼叶略呈圆形，3裂，裂片浅裂，基部心形；茎中部叶3深或全裂，裂片再裂；最上部叶不裂，线形或线状披针形。轮伞花序；小苞片刺状；花冠唇形，淡红色或紫红色，被柔毛。小坚果褐色，三棱形。生于田埂、路旁或山坡。分布于全国各地。

含生物碱、三萜类、黄酮类、挥发油、多种微量元素。

有兴奋子宫、抗着床、抗早孕、改善血液循环、脑保护、抗心律失常、抗血小板聚集、抗血栓、增强机体细胞免疫功能、抗氧化、抗诱变、抗菌、防治肾功能衰竭、抑制皮肤真菌、利尿、杀精作用。

用于月经不调、经闭、胎漏难产、胞衣不下、产后血晕、淤血腹痛、跌打损伤、小便不利、水肿、痈肿疮疡。内服：10～15 g。外用适量。阴虚血少、月经过多、瞳仁散大者均禁服。长期服用单味大剂量益母草，有可能引起肾小管、肾间质的损害。

月经不调、痛经：鲜益母草120 g，鸡血藤60 g。水煎加红糖服。

益母草20秒内杀精的最低有效浓度为25%，有望开发成阴道杀精的避孕药。

233. 薄荷（野薄荷、土薄荷、鱼香草、香薷草）

为唇形科植物薄荷*Mentha haplocalyx* Briq.的全草或叶。

芳香草本。根茎匍匐。茎四棱形。叶形变化较大，披针形至椭圆形，边缘上部疏生粗锯齿，两面具柔毛及黄色腺鳞。轮伞花序；花冠淡紫色至白色，4裂，不等大。小坚果长卵球形，褐色或淡褐色，具小腺窝。生于溪沟旁、路边及山野湿地。分布于我国华北、华东、华中、华南及西南各地区。

鲜叶含油1%～1.46%，油中主成分左旋薄荷醇含量62.3%～87.2%。尚含黄酮类、有机酸、氨基酸、二羟基-1、2-二氢萘二羧酸类。

有兴奋中枢神经、发汗、解热、镇痛、皮肤刺激、局麻、抗炎、止咳祛痰、抗消化系统平滑肌痉挛、抗微生物、促进胆汁分泌、抗早妊及抗着床、驱虫、促进透皮吸收作用。薄荷油对离体蛙心有麻痹作用及抗溃疡、抗炎、血管扩张作用。薄荷提取物对放射线所致皮肤损害有明显保护作用。

用于风热表证、外感咳嗽、头痛目赤、咽喉肿痛、胃肠胀气、麻疹不透、隐疹瘙痒、癣、肝郁胁痛。内服：3～6 g，不可久煎。外用适量。表虚汗多者禁服。

外感咳嗽、咽喉不利：薄荷100 g，桔梗150 g，防风100 g，甘草50 g，研末，每服12 g。

• 薄荷

● 薄荷

薄荷油是医药、食品、饮料及日用品的重要原料，也是我国传统的出口物资，产量居世界首位。家种薄荷质量最好，广泛用于各种按摩药膏中，能促进血液循环，给皮肤带来清凉微麻的感觉。薄荷的采集、加工及包装对质量有较大的影响。夏季薄荷以薄荷醇(91.86%)、薄荷酮(5.09%)为主，秋季薄荷以薄荷醇(85.73%)、薄荷酮(5.12%)、α-蒎烯(2.68%)、β-蒎烯(2.07%)和柠檬烯(1.71%)为主。

234. 罗勒（假苏、香佩兰、九层塔、芳香草）

为唇形科植物毛罗勒*Ocimum basilicum* L. var. *pilosum* Benth.的全草、种子及根。

草本，芳香。茎方形，通常紫绿色。叶矩圆形、卵形或卵状披针形。轮伞花序6花，组成假总状花序，被疏柔毛；花萼管状，齿5枚，不等大；花冠唇形，淡紫色，或上唇白色，下唇紫红色；雄蕊4枚，后对花丝基部具齿。小坚果4。生于山坡、草地、地边。或栽培。分布于我国华东、中南地区及吉林、甘肃、新疆、河北、四川、云南、贵州等地区。

全草含挥发油，主成分为罗勒烯、α-蒎烯、1、8-桉叶素、芳樟醇、柠檬烯、萜烯-3、甲基胡椒酚、丁香油酚、桂皮酸甲酯、已烯-3-醇、辛酮-3及糠醛等。

全草对肾上腺有刺激作用。

全草用于风寒外感、恶寒发热、头痛、消化不良、风湿性关节炎、脘腹闷胀、呕吐腹泻、头风头痛、跌打损伤、骨折、蛇咬伤、皮炎、湿疹。内服：

6～10 g。外用适量。本品辛温香燥，孕妇、皮肤敏感者及气虚血燥者慎用。种子名“光明子”，用于目赤肿痛、角膜云翳，用量3～6 g。根用于小儿黄水烂疮。叶用于驱蚊、驱肠寄生虫、金钱癣、蛇咬伤、昆虫叮咬、痤疮；浸出液可抗菌、助消化。

骨折：罗勒2份，朱砂根、杜仲藤各1.5份，小蜡树4份，蔓胡颓子1份。研末，加酒调成糊状，放入锅内蒸10～15分钟。取药置于纱布上，骨折复位后敷患处，然后用小夹板固定，每日或隔日换药1次。

用叶泡酒可滋阴壮阳。精油可醒脑提神，用于由病毒感染引起的嗅觉迟钝。制成按摩油对神经有滋补作用，可恢复工作过度的肌肉疲劳。叶温性，有香料味，可用于烹调，加在大蒜、番茄和茄子中味道鲜美，可调制醋、油和酱汁等。精油可为调味品、利口酒、香水和肥皂添加风味。南欧地区常有人盆栽罗勒以驱赶苍蝇。

• 毛罗勒

235. 白苏（野苏麻、玉苏子、白苏子）

为唇形科植物白苏*Perilla frutescens*（L.）Britt.的种子。

草本，有香气。茎四棱形。叶卵圆形或圆形，边缘有粗锯齿，下面有腺点，两面均绿色有毛。聚伞花序集成偏侧的穗状花序；萼齿5枚；花冠二唇形，白色。小坚果倒卵圆形，灰白色，有网纹，包围于多毛的宿萼中。生于村边、路旁、山坡。全国各地多有栽培。

叶含挥发油，主要为白苏酮（perillake~tone）。果实含脂肪油。

用于咳嗽气逆、便秘、风寒咳嗽、痰喘、肝硬化腹水。内服：9~15 g。

白苏的叶、嫩枝、主茎（苏梗）功效同紫苏各部，力稍次。

• 白苏

236. 紫苏叶

为唇形科紫苏属植物紫苏*Perilla frutescens*（L.）Britt. var. *arguta*（Benth.）H.-M.的叶或带叶小枝。

草本，有特殊芳香。茎钝四棱形。叶阔卵形或卵状三角形，边缘具粗齿，两面紫色或仅下面紫色，疏生柔毛。轮伞花序组成偏向一侧成假总状花序；花萼钟状，果时增大，基部囊状；花冠唇形，白色或紫红色，筒内有毛环，外被柔毛，上唇微凹，下唇3裂，中裂片较大；雄蕊4枚，2强。小坚果近球形，灰棕色或褐色，有网纹。全国各地栽培。

叶含挥发油，主成分有紫苏醛、柠檬烯、β－丁香烯、α－香柑油烯等。地上部分含紫苏酮、异白苏烯酮、亚麻酸乙酯、亚麻酸及β－谷甾醇等。茎含黄酮类化合物。种子含脂肪油（含量约42.16%），主要为不饱和脂肪酸。

枝叶有延长睡眠时间、促进消化液分泌、增强胃肠蠕动、镇咳祛痰、平喘、收敛止血、促血栓形成、抗凝血、增强脾淋巴细胞免疫功能、止痒、抗诱变、抗氧化、抗炎、广谱抗菌、升血糖、黄嘌呤氧化酶抑制、保护放射线皮肤损害作用。果实具抗癌、降血脂、促进小鼠学习记忆能力作用。

枝叶用于慢性气管炎、宫颈出血、寻常疣、鞘膜积液、肾炎、肾功能衰退、腹泻、呕吐、小儿外感、花粉过敏症、风寒表证、胸脘胀满、恶心呕吐、腹痛吐泻、胎气不和、妊娠恶阻、食鱼蟹中毒。内服：5～10 g。外用适量。阴虚、气虚及温病者慎服。

伤风发热：苏叶、防风、川芎各4.5 g，陈皮3 g，甘草2 g，生姜2片。水煎服。

紫苏、白苏的植物分类一直有不同意见，有人主张将白苏与紫苏合为一种，如《中国植物志》。但紫苏和白苏不仅叶、花的颜色不同，所含挥发油的组分及显微特征也有显著差异，古代本草亦一直将两者分开入药。因此，我们采用将白苏与紫苏作为两个种的分类观点。

由紫苏变种回回苏叶制取的干扰素诱导剂，在家兔的脾、骨髓和淋巴结细胞悬液的实验中均证实其活性。紫苏可能成为一种新型的抗炎和免疫抑制剂。苏子油是一种较为理想的保健和食用油。紫苏为中医临床常用药，嫩茎叶能食用。

● 紫苏

237. 夏枯草（欧夏枯草、棒槌草、枯草穗、大头花）

为唇形科植物夏枯草*prunella vulgaris* L.带花的果穗或全草。夏末全株枯萎，故名“夏枯草”。

• 夏枯草

草本。枝四棱形，通常带红紫色。叶卵状长圆形或卵圆形，边缘具浅波状齿或近全缘，背面有腺点。穗状花序；萼2唇形，外面疏生刚毛；花冠2唇形，紫色、蓝紫色或红紫色，上唇盔状，下唇中裂片宽大；雄蕊4枚，伸出，花丝顶端分叉，其中一端着生花药。小坚果长椭圆形，具3棱。生于荒坡、草地、田埂、溪旁及路边潮湿地。分布于我国西南、华东、中南地区及新疆、陕西、甘肃等省区。

花穗含夏枯草甙，其甙元为齐墩果酸，并含熊果酸、齐墩果酸、花色甙。叶含金丝桃甙、芸香甙。种子含脂肪油及解脂酶。全草除含以上成分外，还含水溶性无机盐类约3.5%（主要为钾盐）、挥发油、小茴香酮、维生素B_1、少量生物碱和咖啡酸等。

果穗有降压（但易产生快速耐受现象）、抗菌、收敛、促进伤口愈合、利尿作用。50%煎剂可使离体兔未孕子宫产生明显而持久的强直性收缩。对离体兔肠呈现节律性蠕动增加。

果穗用于目赤肿痛、头痛眩晕、咽喉疼痛、牙龈出血、痔疮、月经过多、淋巴结结核、肺结核、甲状腺肿、高血压病、精神紧张、结膜炎、急性乳腺炎、腮腺炎、痈疖肿毒。内服：9～15 g。外用适量。

1.淋巴结结核：夏枯草、玄参各9 g，金银花6 g，牡蛎15 g。水煎服。

2.高血压：夏枯草12 g，蚯蚓（干）6 g，牛膝9 g，生地12 g，决明15 g。水煎服。

夏枯草露，为夏枯草全草经蒸馏而得的芳香水。叶可代茶饮，有降压作用。中医临床常用中药。

238. 丹参（山苏子根、血参根、红丹参）

为唇形科植物丹参*Salvia miltiorrhiza* Bunge的根。

草本。全株密被淡黄色柔毛及腺毛。茎四棱形。奇数羽状复叶；小叶卵圆形至宽卵圆形，边具圆锯齿。轮伞花序组成总状花序，每轮有花3～10朵；花萼近钟状，紫色；花冠二唇形，蓝紫色，上唇直立，镰刀状，微裂，下唇较上唇短，3裂。小坚果长圆形，熟时棕色或黑色，包于宿萼中。生于山坡或沟边。分布于我国华东、华北、华中地区及辽宁、陕西、宁夏、甘肃、四川、贵州等省区。

含脂溶性的二萜类成分和水溶性的酚酸成分、黄酮类、三萜类、甾醇等。

有降压、降胆固醇、抗氧化、抗肿瘤、抗动脉粥样硬化、抗凝血、抗血栓、镇痛、抗炎、抗过敏、抑菌、抑乙肝病毒表面抗原（HBsAg）、防止肝硬变、抗胃溃疡、抑制肺纤维化、改善肾功能、提高缺氧耐受力、保护缺氧缺血性脑损伤、改善缺血心脏的冠脉流量、保护肺损伤、减轻呼吸窘迫综合症发生、提高免疫功能、对抗体液和细胞免疫排斥反应、加速骨折愈合、增强睡眠时间作用。能明显提高老龄小鼠红细胞、心、肝、肾中SOD活性。

用于冠心病、高血脂症、动脉粥样硬化、脑血栓、肝炎、胸膜炎、骨膜炎、肾炎、淤伤、神经衰弱、失眠、月经不调、痛经、经闭、产后淤滞腹痛、

• 丹参

心腹疼痛、症瘕积聚、热痹肿痛、跌打损伤、热入营血、烦躁不安、痈疮肿毒。内服：5～15 g，大剂量可用至30 g。妇女月经过多及无淤血者禁服。孕妇慎服。反藜芦。

1.急、慢性肝炎：丹参、郁金、板蓝根各9 g，茵陈15 g。水煎服。

2.血栓闭塞性脉管炎：丹参、金银花、赤芍、土茯苓各30 g，当归、川芎各15 g。水煎服。

中医临床常用中药，现已研制出多种制剂。

239. 黄芩（黄芩茶、子芩、枯芩）

为唇形科植物黄芩*Scutellaria baicalensis* Georgi的根。

• 黄芩

草本。主根粗壮，略圆锥形，外皮棕褐色，片状脱落，断面鲜黄色，遇潮渐变黄绿色。茎四棱形，基部多分枝。叶披针形，下面有黑色腺点。总状花序顶生，花偏生于花序的一侧；萼2唇形，上唇背部有盾状附属物；花冠2唇形，紫蓝色，花冠管近基部作直角上弯。小坚果近球形，黑褐色。生于山坡或路边。分布于长江以北大部分省区及西北和西南地区，有栽培。

含汉黄芩素、黄芩甙、汉黄芩甙、黄芩黄酮、β-谷甾醇、苯甲酸、黄芩酶等。

有抑菌、抑制乙肝病毒表面抗原(HBsAg)、抗炎、抗变态、降压、镇静、利尿、解热、利胆、解痉、降血脂、升血糖、提高免疫力作用。

用于预防猩红热、热病发

烧、感冒、目赤肿痛、吐血、肺热咳嗽、肝炎、高血压、头痛（特别是由焦虑、抑郁、失眠、紧张引发者）、肠炎、痢疾、胎动不安、痈疖疮疡、烧烫伤。内服：6～9 g。外用适量。

1.预防钩端螺旋体病：黄芩6 g，银花藤30 g，连翘30 g，藿香12 g，白茅根60 g。水煎服。

2.大叶肺炎：黄芩、黄柏、栀子、黄连、水竹叶、黄荆叶各适量。水煎服。

黄芩提取液是农业病害防治最理想的制剂之一。中医临床常用中药。

240. 洋金花（曼陀罗花、羊惊花、广东闹羊花、大喇叭花）

为茄科植物白花曼陀罗*Datura metel* L.的花。

草本。茎基部木质化。叶宽卵形或心脏形。花萼筒状，5裂，裂片三角形，果时增大呈盘状；花冠管漏斗状，白色，裂片5片，三角形。蒴果圆球形或扁球状，外被疏短刺，熟时淡褐色，不规则4瓣裂。生于山坡、草地。分布于江苏、浙江、福建、湖北、广东、广西、四川、贵州、云南等省区。

含莨菪烷型生物碱、阿托品。

有镇痛、抗氧化、清除自由基、扩瞳、抑制唾液腺分泌、抑制汗腺分泌、

•白花曼陀罗

降低胃肠道蠕动及张力、引起尿潴留、诱发染色体严重损伤、兴奋呼吸中枢、松弛支气管平滑肌、改善失血性微循环、抑制膜脂质过氧化、排痰、抗心肌梗死、增加肾血流量作用。可影响意识和记忆功能，出现以兴奋为主的精神症状。

用于哮喘咳嗽、坐骨神经痛、帕金森引起的痉挛、脘腹冷痛、风湿痹痛、癫痫、牙痛、晕车、惊风、小型外科手术麻醉。内服：0.3～0.5 g。如作卷烟分次燃吸，每日量不超过1.5 g。外用适量。有毒，内服宜慎。用量过大易致中毒，甚至昏迷，因呼吸麻痹而死亡。外感及痰热喘咳、青光眼、高血压、心脏病及肝肾功能不全者和孕妇禁用。

哮喘：洋金花0.4 g，甘草3 g，远志4 g。研粉，分成10份，每次1～3份，睡前或发作前1小时顿服。

241. 枸杞子

为茄科植物宁夏枸杞*Lycium barbarum* L.的果实。

• 宁夏枸杞

灌木。茎分枝顶端常成短刺。叶卵状披针形或窄倒披针形。花冠漏斗状，5裂，管部较裂片长，裂片淡紫红色或粉红色，具暗紫色脉纹。浆果卵圆形或长圆形，红色或橘红色。种子棕黄色。生于山坡、田埂或丘陵地，多栽培。分布于我国华北和西北地区。

果实含生物碱（甜菜碱、苦可胺A等）、酸浆红素、肽类、有机酸类、黄酮类、糖苷、甾醇等。叶、枝含甜菜碱及东莨菪素。

有降血压、降血糖、降血脂、抗肿瘤、抗疲劳、抗氧化、抗衰老、抗突变、抗动脉粥样硬化、抗辐射、抗应激、保肝、提高免疫力、升白细胞、增强视力、兴奋性功能、生精作用。

用于肾虚精血不足、肝炎、腰脊酸痛、神经性衰弱、头晕、视力减退、青光眼、失眠、少精、糖尿病。内服：6～15 g，大剂量可用15～30 g。

1. 肾虚腰痛：枸杞子15 g，金毛狗脊12 g。水煎服。

2. 男子精少不育：枸杞子15 g。睡前嚼服，连服2～3月。

枸杞药食两用。中医很早就有“枸杞养生”的说法，认为常吃枸杞能“坚筋骨、轻身不老、耐寒暑”。枸杞可以提高皮肤吸收氧分的能力，因此常吃有美容效果。嫩茎叶可作蔬菜食用或代茶饮。

242. 排风藤（白毛藤、野番茄、毛和尚草、苦茄）

为茄科植物白英*Solanum lyratum* Thunb.的全株、种子及根。

藤本，密生柔毛。叶卵状披针形，基部常3～5深裂或少数全缘，被白色发亮短柔毛。聚伞花序；萼杯形，齿5枚；花冠紫色或白色，裂片5片，反折；雄蕊5枚。浆果卵形或球形，熟时黑红色。生于阴湿的路边、山坡、林下及灌丛中。分布于甘肃、陕西、河南及长江流域及以南各省区。

● 白英

全株含澳洲茄碱、蜀羊泉碱、番茄烯胺、甾体糖甙类等。

全株有抗肿瘤、抗真菌作用。

全株用于胆囊炎、肝炎、胆石症、肾炎水肿、风湿性关节痛、痈肿挠疡、湿疹瘙痒、带状疱疹、妇女湿热带下、小儿高热惊厥、乳房癌、子宫癌。内服：15～30 g。外用适量。有小毒，不宜过量服用，否则会出现中毒反应。种子名“鬼目”，能止痛，明目。根清热解毒，祛风湿。

1.急性肝炎：排风藤30 g，栀子、白芍、茯苓各9 g，茵陈24 g。水煎服。

2.胆囊炎：排风藤60 g，栀子24 g，金钱草30 g。水煎服。

243. 假酸浆（水晶凉粉、大千生、冰粉、鞭打绣球、苦莪）

为茄科植物假酸浆*Nicandra physaloides*（L.）Gaertn.果实、种子或花。

草本。主根长锥形。茎有棱沟。叶卵形或椭圆形，边缘有不规则的锯齿或浅裂，上面稍凹陷。萼5深裂，果时膀胱状膨大，裂片基部心形，有尖耳；花冠宽钟状，淡紫色，5浅裂，内面基部有5个紫斑。蒴果球形，为宿萼包围。种子小，淡褐色。生于田边、荒地。分布于云南、广西、贵州、四川等省区。多栽培。

叶含假酸浆烯酮、魏察假酸浆酮。全草含假酸浆甙苦素。根含托品酮、古

• 假酸浆

豆碱。种子含油约18.6%。

果实用于狂犬病、精神病、癫痫、风湿性关节炎、疮痈肿痛、鼻渊、疮疖、感冒。内服：3～9 g。外用适量。有小毒。种子用于发烧、胃热、热淋、风湿性关节炎、疮痈肿痛。花用于鼻渊。

1.发烧：假酸浆子9 g。煨水冷服。

2.胃热：假酸浆子、马鞭草各9 g。煨水冷服。

3.疮痈肿痛、风湿性关节炎：假酸浆果实1.5～3.0 g。水煎服。

假酸浆种子是一种廉价的传统夏季保健冷食原料。制作方法为：用水浸泡，不停地搓揉，然后滤去种子，溶液加适量凝固剂(如石灰水等)及微量薄荷，一段时间后便成了半透明、口感凉滑的凝固体。再加入适量红糖水，入口微甜，感觉更佳。有消炎利尿、消暑解渴作用。因吃时有冰凉的感觉，形状又像凉粉，从而得名冰粉。

244. 马铃薯（洋芋、土豆、地蛋、洋番薯）

为茄科植物马铃薯*Solanum tuberosum* L.的块茎。

草本。地下茎块状、扁球状或矩圆状。羽状复叶；小叶常大小相间，卵形

• 马铃薯

或矩圆形，两面有疏柔毛。伞房花序；花冠辐状，白色或蓝紫色，5浅裂，裂片略成三角形。浆果类圆球状。全国各地栽培。

含生物碱糖甙、生物碱茄啶、α-茄碱、槲皮素、胡萝卜素类物质、氨基酸、有机酸。

有减少食物吸收、抗突变、升血糖、抗肿瘤作用。发芽马铃薯带青色的块茎中茄碱含量较正常高，会产生皂碱毒反应，严重者可因胃肠炎而死亡。

用于胃痛、腮腺炎、痈肿、痔疮、溃疡、湿疹、烫伤。内服适量。

腮腺炎：鲜马铃薯1个。以醋磨汁，搽患处，干了再搽，不间断。

除块茎外，马铃薯所有的绿色部分均有毒。块茎富含蛋白质、维生素B群和C、钾及淀粉，分别用于蒸煮、烘焙、煎炸或制成洋芋片，也可酿酒。生马铃薯及其汁液可清洁软化皮肤；磨成粉可消除眼睛肿胀及晒斑；其汁可敷于皮肤灼伤、烫伤处，再涂上一层蜜以隔绝空气。

245. 毛地黄（洋地黄）

● 毛地黄

为玄参科植物毛地黄 *Digitalis purpurea* L.的叶。

草本，除花冠外，全体被灰白色短柔毛和腺毛。基生叶莲座状；茎生叶长卵形，边具圆齿或锯齿。总状花序，花朝向一边；花萼钟状，5裂几达基部；花冠筒状钟形，紫红色，内面具斑点，檐部短，上唇2浅裂，下唇3裂；雄蕊4枚，2强。蒴果卵形。种子短棒状，被毛。河北、山东及我国南方一些城市有栽培。

含强心甙、甾体皂甙、洋地黄蒽醌、洋地黄

黄酮、木樨草素、洋地黄内酯等。

有兴奋心肌、加强心肌收缩能力、改善血液循环的作用。

用于心力衰竭、心脏性水肿。内服：0.1～0.2g。用药期间忌用钙注射剂。所含强心甙安全范围狭窄，易引起中毒，主要表现为肠胃、神经和心脏毒性，严重者可致死亡。毛地黄内服的个体差异很大，必须由医生根据患者反应确定剂量。有蓄积性。

充血性心功能不全：在医生指导下口服洋地黄片。

246. 地黄

为玄参科植物地黄*Rehmannia glutinosa*（Gaertn.）Libosch. *ex* Fisch. *et* Mey.的块根。地黄一名因其地下块根为黄白色而得。

草本，全株被灰白色长柔毛及腺毛。根肥厚肉质，块状、圆柱形或纺锤形。基生叶成丛，叶片倒卵状披针形，上面多皱，边缘有不整齐锯齿；茎生叶较小。总状花序；花萼钟状，宿存；花冠宽筒形，稍弯，外面暗紫色，里面杂以黄色，有明显紫纹，5浅裂，略呈二唇形；雄蕊4枚，2强。蒴果卵形或长卵

● 地黄

形，端尖。分布于辽宁、内蒙古、河北、山西、陕西、山东、江苏、安徽、浙江、河南、湖北、湖南、重庆、四川等地。多栽培。

含甙类（以环烯醚萜甙类为主）、糖类、氨基酸、葡萄糖胺、D-甘露醇、磷酸、β-谷甾醇、胡萝卜甙、腺甙、无机元素等。

有增强免疫功能、防止肾上腺皮质萎缩、促进恢复骨髓造血功能、保护和促进恢复放射损伤、抗氧化、抗炎、抗真菌、强心、催眠、抗衰老、抗缺氧、抗肿瘤、增加心肌营养性血流量、止血、滋阴、降压作用。可调节异常甲状腺激素状态。

用于急性热病、高热神昏、斑疹、津伤烦渴、血热妄行之吐血、衄血、崩漏、便血、口舌生疮、咽喉肿痛、劳热咳嗽、跌打伤痛、痈肿。内服：10～30 g。外用适量。地黄分鲜地黄、生地黄、熟地黄。鲜地黄清热、生津、凉血；生地黄清热、生津、凉血、润燥、止血。熟地黄滋阴补肾、养血调经。

1.肝炎：生地黄12 g，甘草6 g。水煎服。

2.血热尿血：生地黄6 g，黄芩（炒）15 g，阿胶（炒）、侧柏叶（炒）各3 g。水煎，饭前服。

中医临床常用中药。

247. 肾子草（灯笼草、波斯婆婆纳、双肾草、卵子草）

为玄参科植物阿拉伯婆婆纳*Veronica persica* Poir.的全草。

草本。茎铺散多分枝。叶心形至卵形，边缘具深钝齿，两面疏被白色柔毛。总状花序；花冠淡紫色、蓝色、或紫蓝色，裂片4片；花梗明显长于苞叶。蒴果近肾形，密被腺毛，具网脉，凹口大于直角，裂片顶端钝，宿存花柱长于凹口。生于荒地。分布于华东、华中、西南地区。

全草含甙类、生物碱等。

全草有抗肿瘤、抗微生物、抑制植物生长作用。

全草用于肾虚腰痛、风湿骨痛、睾丸肿痛、痈肿。内服：15～30 g。

1.风湿骨痛：肾子草30 g。煮酒温服。

2.痈肿：婆婆纳、紫花地丁各30 g。水煎服，药渣捣烂外敷。

阿拉伯婆婆纳嫩芽叶可作蔬菜食用。

阿拉伯婆婆纳

248. 凌霄花（紫葳花、堕胎花、藤萝花、吊墙花）

• 凌霄花

为紫葳科植物凌霄*Campsis grandiflora*（Thunb.）Loisel ex K.Schum.的花。

木质攀附藤本。茎黄褐色，具棱状网裂。奇数羽状复叶；小叶卵形至卵状披针形，边缘有粗锯齿。花序圆锥状；花冠漏斗状钟形，裂片5片，圆形，橘红色，开展；雄蕊4枚，2强；有花盘。蒴果2瓣裂，具子房柄。种子扁平，有透明的翅。攀援于树干、石壁上。分布于我国华东、中南地区及河北、陕西、四川、贵州等省。

含黄酮类、环烯醚萜苷、β-谷甾醇、阿魏酸等。

有抑制冠状动脉条收缩、抗血栓、抑制子宫收缩、抗菌作用。

用于血滞经闭、痛经、瘕、崩中漏下、血热风痒、疮疥隐疹、酒齄鼻。内服：3～6 g。外用适量。气血虚弱、内无淤热者及孕妇慎服。

风瘙瘾疹：凌霄花150 g，臭草根250 g。水煮，入白矾末100 g搅匀，淋浴。

同属植物美洲凌霄*C. radicans*（L.）Seem.为近代国外引进的栽培品种，功效同凌霄花。

凌霄花花期长，花朵大，艳丽夺目，适用于美化墙垣。

249. 炮仗花（黄鳝藤、黄金珊瑚）

为紫葳科植物炮仗花*Pyrostegia venusta*（Ker-Gawl.）Miers的茎叶及花。花极为鲜艳，成串下垂，状若鞭炮，故名。

藤本。卷须三叉，丝状。小叶2～3片，卵形，下面具极细小分散的腺穴。圆锥花序；花冠筒状，橙红色，基部收缩，内面中部有一毛环，裂片5片，长椭圆形，边缘具白柔毛；雄蕊4枚，2强；花丝与花柱均伸出。蒴果，果瓣革质。种子具翅，薄膜质。生于林中。常作庭园藤架植物栽培。分布于福建、台湾、广东、海南、广西、云南等省区。

茎叶用于肺结核、咳嗽、咽喉肿痛、肝炎、支气管炎。内服：10～15 g。花用于肺结核、咳嗽、咽喉肿痛。

咽喉肿痛：炮仗花10 g，玄参10 g。泡水服。

可用于花棚、花架、茶座、露天餐厅、庭院门首等处美化。

●炮仗花

250. 黑芝麻（胡麻、油麻子、黑油麻、脂麻、巨胜子）

为胡麻科植物芝麻*Sesamum indicum* L.的黑色种子。

• 芝麻

草本。茎四棱形，具短柔毛。叶卵形、长圆形或披针形。花冠筒状，唇形，白色，有紫色或黄色彩晕，裂片圆形，外侧被柔毛。蒴果椭圆形，4～8棱，纵裂。种子多数，卵形，扁平，黑色、白色或淡黄色。我国除西藏高原外，各地均有栽培。

含脂肪油、木脂素类、植物蛋白、维生素E、植物甾醇、卵磷脂、叶酸、脂麻甙、车前糖、芝麻糖、磷、钾、细胞色素C、草酸钙。

有降血糖、降血脂、降血压、延缓衰老、抑制肾上腺皮质功能、增加血细胞比容、兴奋子宫作用。

用于肝肾不足所致的头晕耳鸣、腰脚痿软、须发早白、肌肤干燥、肠燥便秘、妇人乳少、痈疮湿疹、风癞疬疡、小儿瘰疬、烫火伤、痔疮。内服：9～15 g。外用适量。便溏者禁服。

白发：黑芝麻、白茯苓、甘菊花等分。炼蜜丸如梧子大，每服9 g，清晨白汤下。

251. 肉苁蓉（大芸、寸芸、苁蓉）

为列当科植物肉苁蓉*Cistanche deserticola* Y. C. Ma的全草。

寄生草本。茎肉质肥厚，黄色，不分枝。叶密集，复瓦状排列，肉质鳞片状，黄褐色，无柄。穗状花序粗大，顶生；花多，密生，花冠管状钟形，5裂，裂片蓝紫色，管部白色。蒴果椭圆形。种子极多，细小。生于湖边、沙地林中，寄生于琐琐根上。分布于甘肃、内蒙古、陕西、宁夏、新疆、青海等省区。

含氨基酸、甘露醇、β-谷甾醇、胡萝卜甙、丁二酸、三十烷酸、糖甙类、多糖及微量生物碱。

有降压、提高免疫功能、抗氧化、抗动脉粥样硬化、抗衰老、保肝、通便、调节内分泌、促进代谢、强壮作用。

用于阳痿、腰膝冷痛、不孕、血虚、肠燥便秘。内服：6～18 g。

便秘：肉苁蓉30 g，当归15 g。水煎服。

名贵药材，因具“滋肾壮阳、补益精血”功能而被誉为“沙漠人参”，被历代王朝列为“贡品”。肉苁蓉为古地中海孑遗植物，对于研究亚洲中部荒漠植物区系具有一定的科学价值。濒危种，国家二级保护植物。

● 肉苁蓉

252. 九头狮子草

（九节篱、六角英、化痰青、绿豆青、竹叶青）

• 九头狮子草

为爵床科植物九头狮子草*Peristrophe japonica*（Thunb.）Bremek.的全草。

草本。茎四棱形，节膨大。叶椭圆形或卵状披针形。聚伞花序短；每一花下有大小两片叶状苞相托，较花萼大；花冠淡红紫色，下部细长筒状，上部二唇形。蒴果窄倒卵形，纵裂，种子生于种钩上。生于山坡、林下、路旁、溪边等阴湿处。分布于长江以南各地区。

用于感冒发热、咽喉肿痛、咳嗽、白喉、小儿消化不良、高热惊风、痈疖肿毒、毒蛇咬伤、跌打损伤。内服：15～30 g。外用适量。

1．肺热咳嗽：九头狮子草30 g，冰糖适量。水煎服。

2．肺炎：九头狮子草60～90 g。捣烂绞汁，加食盐少许服。

253. 青黛（靛花、青蛤粉、青缸花、蓝露、淀花、靛沫花）

为爵床科植物马蓝*Strobilanthes cusia*（Nees）O.Kuntze的茎叶经加工制得的干燥粉末或团块。

草本。茎基稍木质化，节膨大。叶倒卵状椭圆形或卵状椭圆形，边缘有齿或全缘，上面有密钟乳线条。穗状花序；花萼裂片5，条形，通常一片较大，呈匙形；花冠漏斗状，淡紫色，5裂，先端微凹；雄蕊4枚，2强。蒴果为稍狭的匙形。生于山地、林缘。分布于江苏、浙江、福建、湖北、广东、广西省区及我国西南地区。

含靛玉红、靛蓝、异靛蓝、靛棕、靛黄、鞣酸、蜡质及无机盐。

有抗肿瘤、抗菌、保肝、增强免疫功能作用。

用于慢性粒细胞型白血病、拔牙后干槽症、银屑病、血热吐血、衄血、咯血、肝热惊痫、肝火犯肺咳嗽、咽喉肿痛、丹毒、腮腺炎、疮肿、带状疱疹、中毒、蛇虫咬伤。内服：1.5～6.0 g。外用适量。脾胃虚寒者禁服。

1. 口舌生疮：黄柏200 g，甘草（炙）100 g。研末，加青黛50 g，混匀干贴。

2. 腮腺炎：青黛1.5 g，甘草6 g，银花15 g，瓜蒌半个。水、酒煎服。

• 马蓝

254. 老鸦嘴（大花老鸦嘴、老鸦杓、通骨消、邓伯花、箭头藤）

• 大花山牵牛

为爵床科植物大花山牵牛*Thunbergia grandiflora*（Roxb.ex Rottl.）Roxb. 的根及茎叶。

缠绕木质藤本。茎粗壮，长达7m以上。叶宽卵形，边缘有缺刻或浅裂，两面粗糙，被毛；叶柄无翼。花大，1～2朵腋生或为总状花序，下垂；苞片叶状；萼退化；花冠漏斗形，蓝色、浅黄色或外面近白色，裂片5片。蒴果长约3 cm，下部近球形，上部具长喙，开裂时似乌鸦嘴。生于疏林下。分布于云南、广西、广东、海南等省区。

根用于风湿性关节炎、跌打损伤、骨折。内服：9～24 g。茎叶用于蛇咬伤、疮疖、胃痛。外用适量，捣烂敷患处。

大型棚架及篱垣的良好绿化材料。

255. 车前草（蛤蟆草、虾蟆草、五根草、黄蟆叶）

为车前科植物车前*Plantago asiatica* L.的全草。

草本。具须根。叶基生，卵形或椭圆形，全缘或具不规则波状浅齿。穗状花序为花茎的2/5～1/2；花小，淡绿色；花冠膜质，管部卵形，4裂。蒴果卵状圆锥形，成熟后周裂。种子近椭圆形，黑褐色。生于山野、路旁。分布于全国各地。

全草含熊果酸、正三十一烷、甾醇类、甙类、桃叶珊瑚、糖类。种子含环烯醚萜类、多糖、苯丙甙类。

全草有利尿、镇咳、平喘、祛痰、抗氧化、抗病原微生物、泻下、保肝、抗胃溃疡，延长胃排空时间作用。对胃液分泌有双向调节作用。种子有预防肾结石形成、镇咳、祛痰、降脂、抗氧化、拟胆碱样作用。

全草用于慢性气管炎、急性扁桃体炎、急性黄疸型肝炎、结核性溃疡、急、慢性细菌性痢疾、尿道感染、烧伤、蜜蜂蜇伤、痔疮、结膜炎、衄血、痈肿疮毒。内服：15～30 g。外用适量。虚滑精气不固者禁用。种子用于泄泻、胎位不正、习惯性颞下颌关节脱位、高血压、胃、十二指肠溃疡、胃炎、小便不利、淋浊带下、水肿胀满、目赤障翳、痰热咳喘。

小便出血：车前叶50 g，石韦、当归、白芍、蒲黄各5 g。水煎，饭前温服。

车前子可药、食两用。车前子种皮中含有的大量黏液质（杂多糖），是一种部分发酵性膳食纤维，不仅具有整肠通便作用，还有降血脂、调血糖功效，为美国FDA允许在食物标明富含可溶性纤维的食物，也用于化妆品的制造。拉丁美洲民俗疗法用以治疗癌症。

• 车前

256. 栀子（山栀子、枝子、黄栀子、黄栀、山黄栀）

为茜草科植物栀子*Gardenia jasminoides* Ellis的果实。

灌木。叶片革质，椭圆形、阔倒披针形或倒卵形。花大，极芳香，花冠高脚碟状，6～7裂，裂片旋转排列，白色，后变乳黄色。果实深黄色，倒卵形或长椭圆形，有翅状纵棱，有宿存萼。种子多数，鲜黄色，扁椭圆形。生于山野、灌林中。分布于我国中南、西南地区及江苏、安徽、浙江、江西、福建、台湾等省。

果实含环烯醚萜类、二萜类、黄酮类、有机酸、挥发油、多糖等。花含栀子花酸A、B和栀子酸。

有保肝利胆、抗炎、镇痛、抗菌、抗肿瘤、促进胰腺分泌、抗惊厥、降温、降血压作用。可刺激体外牛主动脉内皮细胞增殖，从而使血管内膜得以修复。

用于热病心烦、肝炎、冠心病、流行性感冒、头痛、淋证、吐血、衄血、血痢、尿血、口舌生疮、疮疡肿毒、扭伤肿痛。内服：5～10 g。外用适量。清热泻火多生用，止血每炒焦用。脾虚便溏，胃寒作痛者慎服。

黄疸性肝炎：栀子仁、柴胡、茵陈蒿各25 g。水煎服。

花可提取精油，用于制造香水和薰茶。果实含黄色染料。栀子四季常绿，花芳香，为绿化观赏植物，花还可做插花和佩带做装饰。

• 栀子

栀子

栀子

• 龙船花

257. 龙船花（山丹、百日红、英丹花）

为茜草科植物龙船花*Ixora chinensis* Lam. 的全株。

常绿小灌木。叶披针形或椭圆形状倒卵形；托叶抱茎。聚伞花序成伞房状，序柄深红色；花冠高脚碟状，略带肉质，红色或黄红色，裂片4片，近圆形。浆果近圆形，成熟时紫红色。生于疏林下、灌丛中或路旁。常栽培。分布于广东、广西、台湾、福建等省区。

根、茎用于肺结核、胃痛、风湿性关节痛、跌打损伤。内服：15～30 g。孕妇忌服。花用于月经不调、闭经、高血压。

适宜庭园栽植观赏，也可用于灌丛、林下或道路美化。缅甸国花。

258. 滇丁香（野丁香、桂丁香、酒瓶花、丁香花）

为茜草科植物滇丁香*Luculia intermedia* Hutch.的根、花、果及叶。

灌木。叶长倒卵形至长圆状披针形。聚伞花序伞房式排列，顶生；花5数，花冠红色或粉白色，芳香，高脚碟状，裂片长椭圆形，近裂隙基部有片状物；雄蕊生喉部，内藏；子房下位。蒴果卵形，木质，具纵棱，顶端宿存环状花盘；种子有翅。生于山坡较阴湿的杂木林中。分布于广西、云南省。

根用于月经不调、风湿性关节疼痛、跌打损伤、偏头痛、心慌、毒蛇咬伤、痛经、尿路感染、尿路结石。内服：9～30 g。外用适量。花、果用于百日咳、慢性支气管炎、肺结核。叶外敷肿痛。

尿路感染、尿路结石：滇丁香30 g，葛根15 g。水煎服。

滇丁香是优良的观花树种。

• 滇丁香

259. 钩藤（钓钩藤、鹰爪风、金钩藤、挂钩藤、钩丁、倒挂刺）

为茜草科植物大叶钩藤*Uncaria macrophylla* Wall.的带钩茎枝。

● 大叶钩藤

木质藤本。老枝四棱柱形。叶腋有成对或单生的钩，下弯；叶长椭圆形或宽椭圆形，长10～16 cm，下面被短粗毛；托叶2裂。头状花序腋生或顶生，径4.0～4.5 cm，被毛；花5数，淡黄色，裂片卵形，外被毛。蒴果有柄，纺锤形，有宿存萼。种子两端有翅。生于山坡或疏林中。分布于我国广西、广东、云南等省区。

含钩藤碱、异钩藤碱、黄酮类、地榆素、糖脂、脂肪酸、草酸钙。

有降压、抗心律失常、抑制血小板聚集、抑制乙型肝炎病毒表面抗原（HBsAg）、抗血栓形成、镇静、抗惊厥、抗癌、抗脑缺氧作用。

用于神经性头痛、骨髓炎、高血压、面神经麻痹、小儿惊风、夜啼、子痫、肝火头胀痛。内服：煎汤，6～30 g，不宜久煎。脾胃虚寒者慎服。

1.高血压、神经性头痛：钩藤6～15 g。水煎服。

2.风热目赤头痛：钩藤12 g，赤芍10 g，桑叶10 g，菊花10 g。水煎服。

3.面神经麻痹：钩藤60 g，鲜何首乌藤125 g。水煎服。

260. 金银花（忍冬花、银花、双花、金花）

为忍冬科植物忍冬*Lonicera japonica* Thunb.的花蕾及茎藤。花成对腋生，初开白色，后渐转黄，白、黄花同株，金银相伴，故名。本品老藤枯后，新叶又生，经冬不凋，又名“忍冬”。茎左向缠绕攀升，名“左转藤”。

缠绕木质藤本，全株密被短柔毛和腺毛。茎中空。叶卵形、长圆状卵形或卵状披针形。花成对腋生；苞片2片，叶状；花萼短小，5齿裂；花冠唇形，上唇4浅裂，下唇反曲，筒部细长，初开时白色，后变金黄色；雄蕊、花柱伸出。浆果球形，熟时蓝黑色，有光泽。生于山坡疏林中、路边。多栽培。分布于我国华东、中南、西南地区及辽宁、河北、山西、陕西、甘肃等省。

花含挥发油、黄酮类、三萜皂苷类、有机酸（绿原酸、异绿原酸、咖啡酸、棕榈酸等）。

花蕾有抗病原微生物、保肝、利胆、抗炎、解热、降血脂、抗生育、促进白细胞及炎性细胞吞噬功能、兴奋中枢神经系统、细胞毒作用。

花蕾用于温病发热、热毒血痢、痈肿疔疮、喉痹及多种感染性疾病。内服：10～20 g。外用适量。脾胃虚寒及疮疡属阴证者慎服。茎藤用于温病发热、疮痈肿毒、热毒血痢、风湿热痹。

中暑：鲜荷叶、金银花、西瓜翠衣、丝瓜皮、竹叶心各6 g，鲜扁豆花1枝。水煎服。

我国特产，优良绿化植物。花常用于制作香水。

• 忍冬

261. 陆英（蒴藋、接骨草、臭草、苛草、英雄草、走马箭）

• 陆英花（上图） • 陆英果（下图）

为忍冬科植物陆英*Sambucus chinensis* Lindl.的根、茎及叶。

草本或半灌木。茎髓部白色。奇数羽状复叶，最上1对小叶基部合生，小叶片披针形，边具细齿。大型复伞房花序顶生；不孕花成黄色杯状腺体；花小，辐状，裂片5片，白色；花药黄色或紫色。浆果红色或橘红色，近球形。生于林下、沟边或草丛。分布于全国大部分地区。

茎叶含黄酮类、酚性成分、鞣质、糖类、绿原酸、熊果酸、β－谷甾醇、豆甾醇、油菜甾醇、硝酸钾。

种子含氰甙类。

茎叶有镇痛作用。

茎叶用于风湿痹痛、腰腿痛、肾炎水肿、慢性支气管炎、黄疸、跌打损伤、产后恶露不行、风疹瘙痒、丹毒、疮肿、疥癞。内服：9～15 g，鲜品60～120 g。外用适量。孕妇禁服。根用于跌打损伤、扭伤肿痛、骨折疼痛、风湿性关节痛。

1.肾炎水肿：陆英30～60 g。水煎服。

2.慢性支气管炎：鲜陆英120 g。水煎服，10天为一个疗程。

国内外不少人将本种定为原产东南亚的*Sambucus javanica* Reinw. ex Bl.的异名。*S.javanica*的果实成熟时呈紫黑色或黑色。因此，据《中国植物志》七十二卷，选用*S.chinensis* Lindl.为其学名。

262. 接骨木（马尿骚、木本接骨丹）

忍冬科植物接骨木*Sambucus williamsii* Hance的茎叶及根。

• 接骨木

灌木至小乔木。髓心淡黄棕色。羽状复叶；小叶椭圆形至矩圆状披针形，边有锯齿，揉碎后有臭味。圆锥花序；花小，白色至淡黄色；花冠辐状，裂片5片，长约2 mm。浆果状核果近球形，黑紫色或红色。生于林边、灌丛中、路旁。分布于我国东北、华东、中南、西南地区及河北、山西、陕西、甘肃、广东、广西等省区。

果肉含红黄色脂肪油、主要有油酸、棕榈酸、落花生酸、亚麻仁油酸、异次亚麻仁油酸、硬脂酸等组成的甘油酯。花含维生素P。

有镇痛、利尿、抗惊厥、抗炎作用。对乙型脑炎病毒及心肌炎病毒有抑制作用。

用于风湿痹痛、痛风、上呼吸道感染、花粉过敏、结膜炎、冻伤、大骨节病、急性肾炎、慢性肾炎、风疹、跌打损伤、骨折肿痛、骨质疏松、外伤出血。内服：15～30 g。外用适量。孕妇禁服。

1.风湿痹痛：接骨木、秦艽各9 g，苍术、桑枝各12 g。水煎服。

2.扁桃体炎、牙龈发炎和口臭：接骨木花适量。水煎，加醋少许，漱口。

接骨木的花对皮肤有清洁、软化、发汗作用，可使其光滑柔软，花眼胶可去黑眼圈。欧洲人在接骨木茶中加入红糖制成传统的cordial，是很受小朋友喜爱的感冒预防药。

● 雪球荚蒾

263. 雪球荚蒾（木绣球、粉团荚蒾）

为忍冬科植物雪球荚蒾*Viburnum plicatum* Thunb.的根。

灌木或小乔木。幼枝被星状毛。叶宽卵形至长圆状卵形，边具锯齿，下面有星状毛。聚伞状复伞形花序，全部为大型白色不孕花，花冠不整齐4～5裂，稍芳香。核果椭圆形或倒卵圆形，先红后变黑。生于山谷、林中。广布我国华东、华中、华南、西南地区。常栽培。

根用于疱疹病毒、淋巴结炎、小儿疳积、风热感冒、风湿痹痛。内服：3～9 g。外用适量。

淋巴结炎：雪球荚蒾适量。烧火，用铁刀在火上收集烟灰，将烟灰外搽患处。

264. 黑汉条（羊奶根、羊屎条、羊屎柴、羊食子根）

为忍冬科植物烟管荚蒾*Viburnum utile* Hemsl.的根。

灌木。幼枝、叶下面、花序均密被灰褐色星状毛。叶椭圆状卵形至卵状长圆形。聚伞花序；花冠白色，辐状，花瓣5片。核果椭圆形，先红后黑；核扁，具浅沟。生于山坡、林缘或灌丛中。分布于广西、湖北、湖南、四川、贵州等省区。

用于痢疾、脱肛、痔疮下血、白带、风湿痹痛、跌打损伤、痈疽、湿疮。内服：15～30 g。外用适量。

热痢：黑汉条30 g，大木姜子7粒。水煎服。

● 烟管荚蒾

265. 续断（川断、山萝卜根）

• 川续断

为川续断科植物川续断 *Dipsacus asperoides* C.Y.Cheng et T.M.Ai的根。中医接骨要药，故名“续断”。

草本。根长圆锥形，外皮黄褐色。茎具棱，棱上疏生刺毛。基生叶羽状深裂，顶裂片较大，边缘有粗锯齿；茎生叶多为3裂，中央裂片最长，椭圆形至卵状披针形，两面被白色贴伏柔毛。头状花序；苞片顶端突出呈刺状；花冠白色，管基部渐窄，4裂，裂片2大2小；雄蕊伸出。瘦果椭圆楔形，4棱，淡褐色。生于山坡、沟边、林缘。分布于湖北、贵州、四川、云南等省。

含环烯醚萜糖甙和三萜皂甙，并有多种挥发油成分，以及常春藤皂甙元、龙胆碱、β－谷甾醇、胡萝卜甙、蔗糖等。

对心脏有明显的正性肌力作用。抗氧化、抗炎、抑菌、抗维生素E缺乏、促进骨损伤愈合、抑制子宫收缩、增强免疫、抗衰老、镇痛、抗凝血、抗血肿作用。

用于腰背酸痛、遗精、崩漏、肢节痿痹、跌打创伤、带下、血崩、痈疽疮肿。内服：9～15 g。外用鲜品适量。恶雷丸；禁与苦寒药同用以治血病及与大辛热药用于胎前；初痢勿用，怒气郁者禁用。

气滞腰痛：续断、威灵仙、肉桂、当归各50 g。泡酒服。

续断加工中，有“发汗”的过程，但研究表明，“发汗”后续断所含皂苷成分明显低于未“发汗”品。鲜品和采后100 ℃干燥的含量又高于低温干燥品。皂苷中有抗骨折的有效成分，从化学成分角度来看，是否需要“发汗”，值得商榷。

266. 冬瓜

为葫芦科植物冬瓜*Benincasa hispida*（Thunb.）Cogn.的种仁、果及果皮。夏季所产果实取名冬瓜，是因为瓜熟之际，表面有一层白粉，好似冬天所结的白霜之故。

蔓生草本。茎、叶被黄褐色硬毛及长柔毛。叶片肾状近圆心形，浅裂或中裂，裂片宽卵形。卷须腋生，2~3歧。雌雄同株；花冠黄色，5裂至基部，外展。瓠果大型，肉质，长圆柱状或近球形，全国各地栽培。

种仁含油约14%，其中三酰甘油含量为72%~96%，尚含脂类、甾醇类。去脂肪后的种子含蛋白质约25%，内有多种氨基酸以及硒、铬等无机元素。

种仁有免疫促进作用。对胰蛋白酶有抑制作用。

种仁用于痰热咳嗽、咽喉肿痛、糖尿病、肺痈、肠痈、遗精、白浊、带下、脚气、水肿、淋证、受伤身痛。内服：10~15 g。外用适量。脾胃虚寒者慎服。果皮用于水肿、小便不利、泄泻、疮肿、糖尿病。果有利水消肿作用。

1.痰热咳嗽：冬瓜子15 g，浙贝母、牛蒡子、枇杷叶各9 g，黄芩6 g。水煎服。

2.糖尿病小便多：冬瓜子、麦门冬、黄连各100 g。水煎服。

瓠果为常见蔬菜之一。东南亚一些地方还食用其嫩茎叶。

冬瓜

267. 南瓜

为葫芦科植物南瓜*Cucurbita moschata* Duch.的种子、果蒂、根及藤。原产于南美洲，后传入我国，故名“南瓜”。

草质藤本。茎具棱，并有粗毛。叶宽卵状心形，边缘具不规则锯齿，具粗毛。雌雄同株；花萼5裂，裂片顶端扩展成叶状；花瓣5片，黄色，宽卵形，边缘皱折。果实扁圆形或壶形，果柄具角棱，基部膨大。种子卵形，长约2 cm，黄白色，扁而薄。

全国各地广泛栽培。

种子含南瓜子氨酸、脂肪油约40%、蛋白质、尿素分解酶、维生素B_1、C等。果含淀粉、蛋白质、胡萝卜素和钙、磷等成分。

种子有驱除绦虫、蛲虫、蛔虫作用；能抑制血吸虫幼虫的生长发育，但不能杀死成虫。果有解毒、保护胃黏膜作用。

种子用于绦虫、蛲虫、蛔虫、血吸虫病，前列腺肥大。果蒂用于先兆流产，乳头破裂或糜烂、烫伤。根用于黄疸、小便赤热、牙痛、烫伤。藤用于肺结核、低烧。瓜瓤用于弹片入肉、热毒疮、烫火伤、动脉硬化、胃溃疡、糖尿病、结石。叶用于夏季热。

驱绦虫、蛲虫、蛔虫：南瓜子60～120 g。去皮生食。

果实作蔬菜。种子油可食用。南瓜含果胶，有很好的吸附性，能黏结和消除体内细菌毒素和其他有害物质，如铅、汞和放射性元素等。

• 南瓜

• 绞股蓝

268. 绞股蓝（七叶胆、小苦药、公罗锅底、遍地生根）

为葫芦科植物绞股蓝*Gynostemma pentaphyllum*（Thunb.）Makino的全草。

攀缘草本。茎细弱，多分枝，具纵棱和沟槽。卷须纤细，2歧，稀单一；叶片鸟足状，小叶卵状长圆形或长圆状披针形，边缘具齿，两面均被短硬毛。雌雄异株；圆锥花序；雄花淡绿色，5深裂，裂片卵状披针形；雌花较雄花小，似雄花。果实球形，熟后黑色，内含倒垂种子2颗。生于林下或灌丛中。分布于陕西、甘肃省和长江以南各地区。

地上部分含达玛烷型四环三萜皂甙（绞股蓝糖甙、绞股蓝甙等）、甾醇类、黄酮类、丙二酸、维生素C、多种氨基酸和无机元素。

有增强免疫功能、保肝、抗应激、抗炎、抗肿瘤、抗突变、镇静、镇痛、耐高温、抗疲劳、延缓衰老、降血脂、降血糖、抗血凝和血小板聚集、雄性和雌性激素样作用。对心肌梗塞及心肌缺血再灌注损伤有保护作用。可改善记忆获得性障碍。

用于虚症、萎缩性胃炎、白细胞减少症、高脂血症、恶性肿瘤、手足癣、病毒性肝炎、慢性胃肠炎、慢性气管炎。内服：15～30 g。外用适量。

1.慢性气管炎：绞股蓝适量。研粉，每次3～6 g，每日3次。

2.劳伤虚损、遗精：绞股蓝15～30 g。水煎服。

绞股蓝是一种具有较高生理活性的药物，现已开发出许多绞股蓝制品，如药品类有绞股蓝皂苷片剂、颗粒、胶囊、口服液、糖丸等；茶类有绞股蓝保健茶；食品类有绞股蓝饮料。亦为啤酒、食品的添加剂等。绞股蓝能抑制脂肪细胞产生游离脂肪酸及合成中性脂肪，因此有可能开发为新的脂质代谢调节药物。

269. 油渣果（油瓜、猪油果、野面瓜、猴子面瓜果）

为葫芦科植物油渣果*Hodgsonia macrocarpa*（Blume）Cogn.的果及根。

• 油渣果

常绿木质藤本。茎木质，粗状。卷须2～5歧。叶厚革质，掌状3～5深裂或中裂。雌雄异株；雄花序总状；苞片肉质；花托狭筒状，淡黄色；花冠辐形，外面黄色，里面白色，5深裂，裂片顶部长流苏状；雌花单生。果大，扁球形，淡红褐色，外有绒毛和12条纵沟。内有6枚复合种子。广西、云南省有栽培。

种仁含油约70%、蛋白质20%。

果皮用于胃、十二指肠溃疡出血、外伤出血。内服：6～9 g。外用适量。种仁油用于疮疖肿痛、湿疹。根用于疟疾。内服：1～3 g；有小毒。孕妇忌服。

1.胃、十二指肠溃疡出血：油渣果果皮6～9 g。研粉，开水送服。

2.疟疾：油渣果根1～3 g。胡椒为引，水煎服。

种仁含油量高，可供食用。油渣果宜栽培在房前屋后，也可种植于大树旁或人工棚架旁，让其自然攀援生长。

丝瓜

270. 丝瓜

为葫芦科植物丝瓜*Luffa cylindrical*（L.）Roem.的鲜嫩果实、网状纤维或种子。

缠绕草本。叶三角形或近圆形，掌状5～7裂，边缘有锯齿，基部深心形。雌雄同株；雄花为总状花序，雌花单生；花冠黄色，裂片5片，外面具3～5条突起的脉。果实圆柱状，直或稍弯，表面平滑，通常有深色纵条纹，未成熟时肉质，成熟后干燥，里面有网状纤维。种子卵形，边缘有狭翼。我国各地栽培。

果实含丝瓜甙、苦味质、脂肪酸、甲氨甲酸萘酯、瓜氨酸、泻根醇酸、黏液质、蛋白质等。网状纤维含多糖、纤维素。叶含丝瓜甙。花含氨基酸。

有抗病毒、抗过敏、抗应激、增强免疫、防治激素副作用、杀昆虫作用。对妊娠小鼠可引起中期流产。丝瓜苦味质可使小鼠淋巴肉瘤细胞减少约30%。成熟果实内的网状维管束（丝瓜络）具祛痰、平喘、镇痛、抗炎、镇静作用。毒性：粤丝瓜种子所含的皂甙有毒。叶可明显降低乙酰胆碱对离体豚鼠回肠的收缩作用；对离体兔子宫有极显著的兴奋作用。叶有增强学习记忆、抗氧化、降低脂质过氧化物产生、止咳作用。藤有祛痰作用。

果实用于热病身热烦渴、咳嗽痰喘、肠风下血、痔疮出血、血淋、崩漏、痈疽疮疡、乳汁不通、无名肿毒、水肿。水煎服，9～15 g。外用适量。脾胃虚寒或肾阳虚弱者不宜多服。丝瓜络用于胸胁疼痛、风湿痹痛、经脉拘挛、子宫出血、痔疮、痢疾、急性乳腺炎、肺热咳嗽、痈肿疮毒。叶的汁液可治疗痱子。

疮毒脓疱：嫩丝瓜适量。捣烂，敷患处。

花苞、幼枝、嫩叶和果实皆可食用。种子可提取食用油。丝瓜络亦可用于擦洗皮肤、餐具及作减震器。

271. 苦瓜

为葫芦科植物苦瓜*Momordica charantia* L.的果实、根及叶。

● 苦瓜

攀援草本，卷须不分枝。叶肾状圆形，通常5～7深裂，裂片卵状椭圆形，边缘具波状齿。雌雄同株；花冠黄色，5裂，裂片卵状椭圆形；雄蕊贴生于萼筒喉部。子房具刺瘤，有喙。果实长椭圆形或卵形，具钝圆不整齐的瘤状突起，熟时橘黄色。种子椭圆形，扁平，两端具角状齿，包于红色肉质的假种皮内。我国各地栽培。

果实含苦瓜甙、5-羟基色胺、多种氨基酸、半乳糖醛酸、果胶、苦瓜素甙、胡萝卜甾醇、植物胰岛素。新鲜叶含苦瓜素。种子含脂肪油约31.0%，尚含苦瓜素、蛋白质。

果实有增强免疫功能、抗菌、降血糖、抗肿瘤、抗生育作用。苦瓜提取液可引起犬睾丸损坏、精子萎缩。

果实用于热病烦渴饮水、中暑、痢疾、赤眼疼痛、痈肿丹毒、恶疮。内服：6～15 g。外用适量。根用于痢疾腹痛、大便下血、风火牙痛、疔疮。茎用于痢疾、疮毒、牙痛、赤白痢。叶用于胃痛、痢疾、疮毒。花用于胃气痛、痢疾。

1.痈肿：鲜苦瓜适量。捣烂，敷患处。

2.痢疾腹痛：苦瓜根60 g，冰糖60 g。加水炖服。

果实可用于食品保鲜、男性避孕。

272. 木鳖子

（木蟹、土木鳖、壳木鳖、漏苓子、藤桐子、鸭屎瓜子）

为葫芦科植物木鳖*Momordica cochinchinensis*（Lour.）Spreng.的种子及根。

● 木鳖果

• 木鳖花

藤本，全株近无毛。具板状根。卷须较粗壮，不分歧。叶柄基部和中部有2～4个腺体；叶卵状心形或宽卵状圆形，3～5裂或不裂。雌雄异株；雄花苞片兜状；花萼漏斗状；花冠黄色，裂片5片，卵状长圆形，密被长柔毛，基部有齿状黄色腺体及黑斑；雌花子房密生刺毛。果实卵球形，有短喙，熟时红色，肉质，密生刺状突起。种子卵形或方形，干后黑褐色，边缘有齿，两面稍拱起，具雕纹。生于林边、路旁或栽培。分布于我国南方。

种子含木鳖子皂甙、α－菠菜甾醇、木鳖子酸、海藻糖、α－桐酸、齐墩果酸、甾醇、脂肪、木鳖糖蛋白、木鳖子素等。根含木鳖子酸、丝石竹皂甙元、齐墩果酸、α－桐酸、氨基酸、甾醇。

种子有细胞毒、溶血、抗炎、降压作用。

种子用于痈肿、疔疮、无名肿毒、痔疮、疝气、神经性皮炎、面神经麻痹、癣疮、粉刺、鼾黯、乳腺炎、淋巴结结核、痢疾、风湿痹痛、筋脉拘挛、牙龈肿痛。内服：0.6～1.2 g。外用适量。孕妇及体虚者禁服。根用于痈肿、疔疮、瘰疬、痔疮、无名肿毒、癣疮、风湿痹痛、筋脉拘挛。

1.痔疮：木鳖子、荆芥、朴硝各等分。煎汤，熏洗。

2.面神经麻痹：木鳖子适量。捣烂敷。

273. 栝楼（天瓜、瓜蒌、狗使瓜、野苦瓜、药瓜）

为葫芦科植物栝楼*Trichosanthes kirilowii* Maxim.的果皮、种子及根。

攀援藤本。块根肥厚圆柱状。卷须3～7分歧；叶近圆形或心形，常3～7裂，裂片再浅裂。雌雄异株；雄花序总状；萼筒先端扩大，裂片披针形；花冠白色，裂片倒卵形，两侧流苏状；雌花单生。果实椭圆形，熟时黄褐色或橙黄色。种子卵状椭圆形，压扁，淡黄褐色，近边缘处具棱线。生于林下、灌丛中。分布于我国华北、中南、华东地区及辽宁、陕西、甘肃、四川、贵州、云南省。

成熟果实含三萜皂甙、有机酸、树脂、糖类和色素。果肉含丝氨酸蛋白酶。果皮含甾醇类、挥发油、有机酸、氨基酸和无机元素。种子含油脂（约26%，其中饱和脂肪酸占30%，不饱和脂肪酸占66.5%，以栝楼酸为主成分）、甾醇类、三萜类、氨基酸等。鲜根汁含天花粉蛋白、氨基酸、肽类、糖类。

• 栝楼

果皮有扩张冠脉、抗心肌缺血、改善微循环、抑制血小板聚集、抗心律失常、耐缺氧、保护缺血后再灌注损伤、抗癌、祛痰、致泻、抑菌作用。种子具抑制血小板聚集、抗癌、泻下作用。根具抗癌、抗艾滋病病毒、终止妊娠、免疫刺激和免疫抑制、降血糖作用。根茎有抗癌作用和免疫活性。

果皮用于肺热咳嗽、胸痹、结胸、消渴、便秘、痈肿疮毒。内服：9～20 g。外用适量。脾胃虚寒、便溏及寒痰、湿痰者慎服。种子用于痰热咳嗽、肺虚燥咳、肠燥便秘、痈疮肿毒。胃弱者宜去油取霜用。根（天花粉）用于热病口渴、消渴多饮、肺热燥咳、疮疡肿毒。反乌头。少数病人会出现过敏反应。

1. 胸闷咳嗽：栝楼15 g，陈皮9 g，枇杷叶（去毛）9 g。水煎服，冰糖为引。

2.肺脓肿：栝楼、冬瓜子各15 g，薏苡仁、鱼腥草各30 g。水煎服。

现代临床用于中期引产，成功率较高。还用于治疗恶性滋养叶肿瘤、异位妊娠。近年用于治疗HIV有一定疗效。天花粉蛋白具有较强的抗病毒的作用，有望开发成继干扰素之后另一种具有广谱抗病毒作用的蛋白产品。

274. 党参（防党参、狮头参）

为桔梗科植物党参*Codonopsis pilosula*（Franch.）Nannf.的根。

• 党参

草本。根圆柱形，顶端有一膨大的根头，具多数瘤状的茎痕。茎缠绕。叶卵形或广卵形，被疏柔毛。花萼绿色，裂片5片，宿存；花冠阔钟形，淡黄绿色，有淡紫堇色斑点，5裂，裂片三角形，直立；柱头3裂，漏斗状。蒴果圆锥形。种子小，卵形，褐色。生于灌丛中及林缘。分布于我国东北、华北地区及陕西、宁夏、甘肃、青海、河南、四川、云南、西藏等省区。

含糖类、甾醇、三萜类、生物碱、氨基酸、挥发油等。

有增强机体应激能力、增强免疫功能、延缓衰老、抗溃疡、抗缺氧、升血糖、抗电惊厥、降温、增进或改善学习记忆、镇静、抗炎、抗溃疡、保肝、抑制血栓形成、降低血液黏度、短暂降压、改善心肌代谢、解除运动性心肌疲劳、脑保护、抗肿瘤辅助作用。

用于脾胃虚弱、食少便溏、四肢乏力、肺虚喘咳、气短自汗、气血两亏诸症。内服：6～15 g。生津、养血宜生用；补脾益肺宜炙用。实证、热证禁服；正虚邪实证，不宜单独应用。

补元气、强筋力：党参5 g，沙参25 g，桂圆肉20 g。水煎或泡酒服。

临床常用补气药，功能补脾益肺，效近人参而较弱。

275. 半边莲（急解索、细米草、瓜仁草）

为桔梗科植物半边莲*Lobelia chinensis* Lour.的全草。

草本。茎有黏性乳汁。叶长椭圆形至披针形，全缘或近先端有浅锯齿。花淡紫色或淡红色，单唇，5深裂，裂片披针形，偏向一边，近裂缺处有时具2个青色腺囊。蒴果倒圆锥形。种子细小。生于水田边、沟边、路边潮湿地或阴山坡。分布于江苏、安徽、浙江、江西、福建、台湾、湖北、湖南、云南、四川等省。

含生物碱（半边莲碱、去氢半边莲碱等）、黄酮甙、皂甙、氨基酸、延胡索酸、琥珀酸、对羟基苯甲酸、葡萄糖和果糖等。

有抗蛇毒、利尿、呼吸兴奋、利胆、抗肿瘤、抗菌、止血、止痛、舒缓肌肉组织、祛痰、降压、催吐、泻下作用。半边莲素对离体兔心和蛙心有兴奋作用，高浓度时，继之抑制，终至发生传导阻滞和心跳停止。

用于毒蛇咬伤、哮喘、肝硬化腹水、肾炎水肿、扁桃体炎、阑尾炎、肌肉痉挛、跌打损伤、疔疮肿毒、湿疹、癣疾、痔疮等。内服：15～30 g。外用鲜品适量。有毒，用时宜慎。体虚者忌用。

1.毒疮、疮癣：半边莲适量。熬水洗。

2.肺癌（热毒壅滞型）：半边莲、蒲公英、鱼腥草、通光散、半支莲、白花蛇舌草、九里光、薏苡仁各30 g。水煎服。

• 半边莲

276. 桔梗（梗草、苦桔梗、大药）

为桔梗科植物桔梗*Platycodon grandiflorus*（Jacq.）A.DC.的根。

草本，全株有白色乳汁。主根长纺锤形。叶片卵形至披针形，边缘有尖锯齿，下面被白粉。花单生或集成疏总状花序；花萼钟状，5裂；花冠阔钟状，蓝色或蓝紫色，裂片5片，三角形；花丝基部密被细毛。蒴果倒卵圆形，熟时顶部5瓣裂。种子褐色。生于山地、草坡、林缘。分布于全国各地区。

含三萜皂甙（桔梗皂甙、远志皂甙等）、白桦脂醇、α－菠菜甾醇、α－菠菜甾醇－β－D－葡萄糖甙。

有祛痰、镇咳、抗炎、降血脂、消肿、降血糖、镇静、抗溃疡作用。

用于感冒、支气管炎、肺炎、胸膜炎、肺气肿、咽喉肿痛、胸满胁痛、痢疾腹痛、小便癃闭。内服：3～10 g。外用适量。阴虚久咳及咳血者禁服；胃溃疡者慎服。内服过量可引起恶心呕吐。

1.风热咳嗽痰多、咽喉肿痛：桔梗9 g，桑叶15 g，菊花12 g，杏仁6 g，甘草9 g。水煎服。

2.腹胀：桔梗、枳壳（炙，去穰）各50 g。水煎服。

嫩叶可拌沙拉。

• 桔梗

● 牛蒡

277. 牛蒡

为菊科植物牛蒡*Arctium lappa* L.的成熟果实、根及叶。

草本。茎带紫褐色，有纵棱。基生叶大，丛生，有长柄；茎生叶长卵形或广卵状心形，下面密被灰白色短绒毛。头状花序簇生于茎顶或排列成伞房状；总苞球形，苞片多数，覆瓦状排列，先端钩曲；花小，红紫色，管状，5浅裂。瘦果长圆状倒卵形，具纵棱，冠毛短刺状。分布于我国东北、西北、中南、西南地区及河北、山西、山东、江苏、安徽、浙江、江西、广西等地。多栽培。

果实含牛蒡甙、罗汉松脂酚、络石甙元、倍半木质素等。种子含牛蒡甙、牛蒡酚、脂肪油。

果实有抗菌、抗病毒、抗肿瘤、降血糖、钙拮抗、短暂降压、轻度利尿、发汗、泻下、抑制尿蛋白排泄作用。根具抗肿瘤、抗菌、抗真菌作用。叶能刺激胆汁分泌。药理实验发现，根能使大鼠成长加速。新鲜根可降低血糖。

果实（大力子、恶实、鼠黏子、鼠见愁）用于风热咳嗽、麻疹、感冒、扁桃体炎、咽喉肿痛、膀胱炎、尿结石、斑疹不透、风疹瘙痒、疮疡肿毒。内服：5～10 g。外用适量。脾虚便溏者禁服。根、叶用于风热感冒、头痛、咳嗽、糖尿病、热毒面肿、咽喉肿痛、齿龈肿痛、风湿痹痛、瘕积块、痈疖恶疮、痛风、痔疮脱肛。

风肿斑毒作痒：大力子、玄参、僵蚕、薄荷各15 g。研末。每服10 g，白汤调下。

幼枝和根可食用，文火炖后再煎炒，美味可口；其浸出液有滋补、强身、壮阳的功效。牛蒡根、叶提取物制成按摩膏按摩头部，可治脱发。

278. 青蒿（蒿、细叶蒿、香青蒿、苦蒿）

为菊科植物黄花蒿*Artemisia annua* L.的全草。

草本，全株有特殊气味。叶通常为三回羽状全裂，裂片短细；叶轴具窄翅；茎上部叶渐小。头状花序径约2 mm，多数组成圆锥状；花管状，黄色，外围雌花，中央两性花。瘦果椭圆形。生于旷野、山坡、路边、河岸等处。分布于我国各地区。

地上部分含萜类（青蒿素、黄花蒿内酯等）、黄酮、香豆精、挥发油类及甾醇等。

草有解热、抗菌、抗病毒、抗肿瘤、抗早孕、抗疟、抗弓形虫、抗血吸

• 黄花蒿

虫作用。青蒿素、青蒿琥酯有促进机体细胞免疫、抗肝脏损伤、镇静作用。蒿甲醚对体液免疫有抑制作用及辐射防护作用，亦有促进红细胞、白细胞、血红蛋白增高作用。青蒿素可减慢心率、抑制心肌收缩力、降低冠脉流量、降低血压，且有一定抗心律失常作用。青蒿酯钠亦是一种干扰素诱生剂。

用于暑热、矽肺、红斑狼疮、阴虚发热、疟疾、黄疸。内服：6～15 g，治疟疾可用20～40 g；鲜品用量加倍。外用适量。脾胃虚寒者慎服。

1.暑毒热痢：青蒿叶50 g，甘草3 g。水煎服。

2.疟疾：青蒿500 g，冬瓜叶、官桂、马鞭草各100 g。研末，如胡椒大。每服60 g，发前1～2 h内尽服之。

3.鼻血：青蒿叶适量。捣汁服，并塞鼻中。

青蒿抗疟有效成分青蒿素对热不稳定，温度不宜过高及久煎。青蒿素的含量与种质及环境有密切关系。青蒿素类衍生物如青蒿琥酯和双氢青蒿素有较好生理活性，特别在抗疟方面，已被列为WHO推荐抗疟一线药物。青蒿还可提取精油；青蒿的其他脂溶性浸提物和水浸提物都对多种杂草有抑制生长的作用，可以作为一种植保素来抵抗病虫害的侵害，甚至可作为生物农药。在大规模应用青蒿琥酯预防性治疗接触疫水的人群时发现，17 031人在服药后无急性血吸虫病发生，因此，可认为青蒿琥酯是一种较为理想的血吸虫病预防药。青蒿琥酯亦是一种很有前途的免疫调节剂。

• 黄花蒿

• 艾

279. 艾叶（艾、艾蒿、五月艾、白艾、陈艾、蕲艾）

为菊科植物艾*Artemisia argyi* Levl. *et* Vant.的叶。

草本，全株密被白色茸毛。中部叶卵状三角形或椭圆形，羽裂或浅裂，边缘有齿，上面被蛛丝状毛，有白色腺点；上部叶渐小，三裂或不分裂。头状花序多数，排成复总状；总苞卵形；花带红色，管状，外层雌性，内层两性。瘦果。生于荒地、林缘。分布于全国大部分地区。

含挥发油、黄酮类、桉叶烷、三萜类、甾醇及微量元素等。

有抗菌、抗病毒、平喘、镇咳、祛痰、补体激活、抑制心脏收缩、抗过敏性休克、抑制血凝和血小板聚集、镇静、利胆、加强子宫收缩作用。艾叶炭有明显的止血作用。

用于吐血、衄血、咯血、便血、崩漏、妊娠下血、月经不调、痛经、胎动不安、心腹冷痛、泄泻久痢、霍乱转筋、带下、湿疹、疥癣、痔疮、痈疡。内服：3～10 g。外用适量。阴虚血热者慎服。

1.吐血：柏叶、干姜各150 g，艾叶50 g。水煎温服。

2.膝风痛：陈艾叶、菊花适量。填护膝内用。

根据不同产地，艾叶分为蕲艾（湖北蕲春）、北艾（河南汤阴）、川艾（四川资阳）等。艾叶是制作艾条、艾柱的主要原料，而艾条、艾柱的质量与其燃烧时释放的热量有密切关系。蕲艾的燃烧放热值最高，川艾最低。艾的燃烧生成物甲醇提取物比艾的甲醇提取物自由基溶除作用强，因此艾燃烧生成物从施灸部位经皮肤渗透，以抑制清除自由基或过氧化脂质治疗效果更好。

280. 紫菀（青菀、紫菀茸、软紫菀、辫紫菀、关公须）

为菊科植物紫菀*Aster tataricus* L.f.的根和根茎。

草本。根茎短，密生多数须根。叶长椭圆形或披针形。头状花序多数，排成复伞房状；总苞半球形，总苞片3层，边缘宽膜质，紫红色；边花舌状，雌性，蓝紫色，3齿裂；中央筒状花，两性，黄色，5齿裂。瘦果扁平，紫褐色，冠毛污白色或带红色。生于阴坡及沼泽地。分布于我国东北、华北地区及陕西、甘肃、安徽、河南省。

● 紫菀

含三萜类、皂苷类、肽类、挥发油等成分。

有祛痰、镇咳、抑菌、抗癌作用。

用于咳嗽、肺虚劳嗽、肺痿肺痈、咳吐脓血、习惯性便秘、小便不利。内服：4.5～10.0 g。润肺宜蜜炙用。有实热者慎服。

1.久嗽：紫菀、款冬花各25 g，百部12 g，生姜三片，乌梅一个。水煎服。

2.习惯性便秘：紫菀、苦杏仁、当归、肉苁蓉各9 g。水煎服。

• 云木香

281. 木香（云木香、广木香）

为菊科植物云木香*Aucklandia lappa* Decne.的根。

草本。主根直径达5 cm。茎不分枝。基生叶三角形，有具翅羽裂的长叶柄；茎生叶卵形或卵状三角状卵形，边缘有齿，齿端有短刺尖，上面有粗短毛。头状花序；总苞半球形；总苞片7层；托片刚毛状；花筒状，暗紫色；花药尾部流苏状。瘦果具肋；冠毛淡褐色，2层，羽毛状。生于海拔较高的山地。我国大部分地区有栽培。

含挥发油0.3%～3.0%、树脂6%、云木香碱、菊糖、甾醇。

有解痉、降压作用。本品煎剂能引起狗呕吐。

用于腹胀痛、呕吐、泄泻、痢疾里急后重。内服：2～6 g。

便秘、腹泻、胃痛：木香2～4 g，水煎服。

木香茎叶是饲料最好的添加剂。

282. 金盏花（黄金盏、长生菊、醒酒花、常春花）

为菊科植物金盏菊*Calendula officinalis* L.的全草、根及花。

金盏菊

草本，全株被白色茸毛。叶椭圆形或椭圆状倒卵形，全缘。头状花序单生茎顶，形大，雌花舌状，一轮或多轮，金黄或橘黄色，两性花筒状，黄色或褐色。瘦果，船形，具爪。

全草含多种维生素，尤其是维生素A和维生素C。花含类胡萝卜素（约3%）、番茄烃、蝴蝶梅黄素、玉红黄质、挥发油、树脂、黏液质、苹果酸等。根含苦味质、山金东二醇。种子含甘油酯、蜡醇和生物碱。

花、叶有消炎、抗菌、镇静、强心、降压作用。

根能行气活血；花可凉血、止血。用于皮肤炎症、消化道溃疡、胃炎、淋巴结炎、酒精中毒、肝胆疾患、月经不调、疝气。内服：鲜根50～100 g；花5～10朵。

1.胃寒痛：金盏花鲜根50～100 g。水或酒水煎服。

2.肠风便血：金盏菊鲜花10朵，酌加冰糖。水煎服。

金盏菊栽培品种有重瓣、卷瓣，花色有淡黄、橙红、黄、绿、深紫色等，鲜艳夺目，是早春园林常见观赏花卉。长梗大花品种还可用于切花。金盏菊的抗二氧化硫能力很强，对氰化物及硫化氢也有一定抗性，为优良抗污花卉。金盏菊几乎各部位都可以食用，鲜花和叶可以拌沙拉。舌状花瓣可美容，适量加入面乳中有脱毛功效，放入洗发精里能使头发颜色变淡。花为天然色素——叶黄素的提取原料，并作茶饮料，亦可为米饭、菜肴上色。花挥发油价格昂贵。

283. 天名精

（虾蟆蓝、野烟、山烟、癞格宝草、皱面草、癞蛤蟆草）

• 天名精

为菊科植物天名精*Carpesium abrotanoides* L.的全草及果实。

草本。叶宽椭圆形或长圆形，两面有毛，下面有腺点，上部叶片渐小。头状花序多数，沿茎枝腋生；总苞钟状球形；花黄色，外围雌花花冠丝状，3～5齿裂，中央的两性花花冠筒状，5齿裂。瘦果条形，具细纵条，有短喙及腺点，无冠毛。生于山坡、路边、草丛中。广布于我国各地。

全草含倍半萜内酯。果实含鹤虱内酯、天名精内酯酮、有机酸等。

全草有抗菌作用。果实有抑菌、杀虫、抑制脑组织呼吸、降温、降压作用。

全草用于急性乳腺炎、喉痹、急慢惊风、牙痛、疔疮肿毒、痔瘘、皮肤痒疹、毒蛇咬伤、虫积、血瘕、吐血、衄血、血淋、创伤出血。内服：9～15 g。外用适量。脾胃虚寒者慎服。果实（北鹤虱）用于蛔虫病、蛲虫病、绦虫病等所引起的虫积腹痛。有小毒。

1.黄疸型肝炎：鲜天名精全草120 g，生姜3 g。水煎服。

2.术前洗手和术中皮肤消毒：100%鲜天名精煎液。

284. 红花（红蓝花、刺红花、川红花、草红花）

为菊科植物红花*Carthamus tinctorius* L.的花。

草本。叶质坚硬，中下部叶披针形或长椭圆形，边缘具锯齿或全缘，稀羽状深裂，齿端有针刺；向上叶渐小，披针形。头状花序为苞叶所围绕；苞片先端刺长，边缘有或无刺；总苞卵形，总苞片4层，外层竖琴状；中内层硬膜质；

小花红色或橘红色，两性，管状，花冠深5裂。瘦果倒卵形，乳白色，有4棱。我国东北、华北、西北地区及山东、浙江、贵州、四川、西藏等省栽培。

含黄酮类、色素（红花甙、前红花甙、红花黄色素、红花明甙等）、多酚类、氨基酸、多糖、脂肪酸、挥发油。

有轻度兴奋心脏、降低冠脉阻力、增加冠脉流量和心肌营养性血流量、扩张血管、降压、改善外周微循环障碍、抗凝血、降血脂、镇痛、镇静、抗炎、抗衰老、保护缺血缺氧性脑病、兴奋子宫、免疫活性作用。大剂量对心脏有抑制作用。

用于冠心病、脑血栓、脑动脉硬化、脑溢血偏瘫、流行性出血热、跌打损伤、静脉炎、扁平疣、神经性皮炎、突发性耳聋、胃溃疡、经闭、痛经、产后淤阻腹痛、瘕积聚、关节疼痛、斑疹。内服：3～10 g。外用适量。养血和血宜少用；活血祛淤宜多用。孕妇及月经过多者禁服。

关节炎肿痛：红花炒后研末适量。加入等量地瓜粉，盐水或烧酒调敷患处。

花含红花素，可提红色染料。种子可榨油，油中含谷维素、磷脂、维生素E、不饱和脂肪酸等，不仅可食用，也是很好的保健品，现已开发出亚油酸胶囊、维生素E、化妆品等多种产品。红花油也是良好的工业和医药用油，可作油漆、精密机件的喷漆和涂料，作制造醇酸树脂的原料及在医药上用作抗氧化剂和维生素A和D的稳定剂。榨油后的饼粕含丰富的蛋白质，可作精饲料喂养牲畜。

• 红花

285. 小蓟

（青刺蓟、千针草、刺儿菜、小恶鸡婆、刺萝卜、小刺盖）

• 刺儿菜

为菊科植物刺儿菜*Cirsium segetum* Bunge.的全草或根。

草本。根状茎长。叶椭圆形或椭圆状披针形，边缘有细密针刺或刺齿。头状花序；雌雄异株；总苞片多层，先端长尖，具刺；雄花序较雌花序小；小花管状，紫红色。瘦果椭圆形，略扁；冠毛羽状。生于山坡、河旁或荒地、田间。除广东、广西、云南、西藏外的全国各地均有分布。

含黄酮类（芸香甙、刺槐甙、刺槐素等）、有机酸类、甾体和甾醇类、氯化钾、酪胺。

有增强心肌收缩力和频率、升压、止血、抗菌、镇静作用。有一定的抗突变能力。

用于各种出血、痈疽肿毒。内服：5～10 g，鲜品可用30～60 g。外用适量。止血宜炒炭用。虚寒出血及脾胃虚寒者禁服。

1.吐血：小蓟、大蓟、侧柏叶各9 g，仙鹤草、焦栀子各12 g。水煎服。

2.高血压：小蓟、夏枯草各15 g。煎水代茶饮。

小蓟的嫩苗可作野生蔬菜食用。

286. 大丽菊（大丽花、天竺牡丹）

为菊科植物大丽花*Dahlia pinnata* Cav.的块根。

草本。块根肉质。茎中空。叶1～2回羽状分裂，小叶卵形，边缘缺裂，有粗锯齿；叶柄基部扩大。头状花序顶生；边花舌状，中性或雌性；中央花管状，两性，能育；栽培种常重瓣，全部为舌状，红、紫、黄、粉红或白色。瘦果。我国各地庭园普遍栽培。

含菊糖。用于牙痛、腮腺炎、无名肿毒、跌打损伤。内服：6～12 g。外用适量。

著名观赏花卉，是世界花卉品种最多的物种之一，亦抗污染。大丽花是墨西哥的国花，吉林省的省花，河北省张家口市的市花。块根常被不法商贩加工成“天麻”出售，应注意鉴别。

• 大丽花

287. 野菊花（山菊花、野山菊、野黄菊、苦薏、黄菊花）

为菊科植物野菊*Dendranthema indicum*（L.）Des Moul.的头状花序。

草本。叶卵形或长圆状卵形，羽状分裂，边缘浅裂或有锯齿，被腺体及疏柔毛。头状花序在枝端排成伞房状圆锥花序；总苞片边缘宽膜质；舌状花黄色，雌性；盘花两性，筒状。瘦果。生于山坡、草地、田边、路旁。分布于我国东北、华北、华东、华中及西南地区。

含挥发油、野菊花内酯、野菊花醇、野菊花三醇、野菊花酮、菊油环酮、刺槐甙、木樨草素、有机酸、β-谷甾醇等。

有降压、增加冠脉流量、减慢心率、降低心肌耗氧量、减少心肌梗死范围和损伤程度、抗癌、抑制血小板聚集、抗病原微生物、提高非特异性免疫功能、抗炎、抗菌、解热、清除活性氧自由基作用。近年来还发现对HIV有抑制作用。

用于痈疽、丹毒、湿疹、皮炎、痤疮、风热感冒、咽喉肿痛、高血压病、泌尿系统感染、干咳、风热目赤肿痛、毒蛇咬伤。内服：10～15 g，鲜品可用至30～60 g。外用适量。脾胃虚寒者慎服。

1.痈疽脓疡：野菊花48 g，蒲公英48 g，紫花地丁30 g，连翘30 g，石斛30 g。水煎服。

2.风热目赤肿痛：野菊花15 g，夏枯草15 g，千里光15 g，桑叶9 g，甘草3 g。水煎服。

野菊花是传统茶饮料之一。

● 野菊

288. 菊花（甘菊、甜菊花、药菊）

为菊科植物菊*Dendranthema morifolium*（Ramat.）Tzvel.的头状花序。

草本。叶片卵形至披针形，羽状浅裂或半裂，下面被白色短柔毛。头状花序大小不一，单个或数个集生于茎枝顶端；总苞片多层；舌状花白色、红色、紫色或黄色。瘦果不发育。全国各地栽培。

菊

含挥发油，主成分为龙脑、樟脑、菊油环酮。还含甙类、芹菜素、木樨草素、β－榄香烯、糖类、氨基酸。

有扩冠、增加冠脉流量、提高心肌耗氧量、降脂、抗菌、抗氧化、抗衰老、抗肿瘤、抗诱变、抗炎作用。菊花乙酸乙酯和正丁醇提取物能抑制HIV逆转录酶和HIV复制。

用于外感风热或风温初起、发热头痛、眩晕、溃疡性结肠炎、目赤肿痛、疔疮肿毒。内服：10～15 g。外用适量。气虚胃寒、食减泄泻者慎用。

1.外感发热、咳嗽：菊花3 g，杏仁6 g，连翘4.5 g，薄荷2.4 g，桑叶7.5 g，苦桔梗6 g，甘草2.4 g，苇根6 g。水煎服。

2.目赤肿痛：菊花、白蒺藜、木贼各15 g，蝉蜕6 g。水煎服。

3.高血压：白菊花15 g，红枣3粒。水煎服。

现药用菊花商品，根据产地划分为："亳菊"（安徽亳县、涡阳及河南商丘）；"滁菊"（安徽滁县）；"贡菊"（安徽歙县、浙江德清）；"济菊"（山东济宁、德州、潍坊）；"怀菊"（河南新乡、武陟）；"祁菊"（河北安国）；"川菊"（四川中江、达县、开江）；"资菊"（安徽合肥）；"德菊"（浙江备清、塘西）。"茶菊"（浙江嘉兴、桐乡、吴兴）；"黄菊"（浙江海宁）。茶菊、黄菊统称杭菊。以亳菊和滁菊品质最优，以杭菊出口量最大。菊花除观赏外，还可作蔬菜、茶饮、酿酒用。

289. 向日葵（葵花）

为菊科植物向日葵*Helianthus annuus* L.的种子、花盘、茎叶、茎髓、根及花。

草本，全株被白色粗硬毛。茎粗壮，髓部发达。叶心状卵形或卵圆形，边缘具粗锯齿，两面粗糙，有长柄。头状花序圆盘状，顶生，常下倾；总苞片多层，叶质，覆瓦状排列；边花舌状，黄色；中部花管状，两性花，棕色或紫棕色，结实。瘦果倒卵形，稍扁，果皮木质化，灰色或黑色。全国各地栽培。

种子含油量达50%以上（其中亚油酸占70%），尚含磷脂、蛋白质、碳水化合物、纤维素、生育醇、类胡萝卜素、氨基酸等。花含三萜皂甙。

茎髓有抗肿瘤、利尿、消炎作用。向日葵素有抗真菌、抗酵母菌作用。花托有降血压、改善心肌供血不足作用。种子有降脂、抑制血栓形成作用。

花托用于头痛、头晕、功能性子宫出血、哮喘、胃痛、疝气痛、牙痛、痛经。内服：30～90 g。茎叶可疏风清热、清肝明目。根及茎髓用于白带清稀、腓肠肌痉挛、腰膝酸软、泌尿系感染、尿路结石、咳嗽、前列腺炎。种子（葵花子）用于虚弱头晕、食欲不振、血痢。花用于乳腺炎、疮痈。葵花子炒后性温燥，多食后易“上火”，故应注意。

1.痛经：向日葵花托30～60 g。水煎后加红糖适量服。

2.腓肠肌痉挛：鲜向日葵茎心白髓、伸筋草各30 g。煮猪蹄吃。

种子可炒食，亦为重要的油料作物；种子油可作软膏的基础药。花托、茎秆、果壳，可作工业原料。叶与花瓣为苦味健胃剂。

• 向日葵

● 马兰

290. 马兰（马兰头、田边菊、路边菊、鱼鳅串）

为菊科植物马兰*Kalimeris indica*（L.）Sch.-Bip.的全草或根。

草本。叶倒披针形或倒卵状矩圆形，边缘有疏粗齿或羽状浅裂，无叶柄；上部叶小，全缘。头状花序直排成疏伞房状；总苞片2～3层，边缘膜质；舌状花1层，淡紫色；筒状花多数。瘦果倒卵状矩圆形，极扁小，边缘有厚肋；冠毛不等长。生于平坝或丘陵潮湿地。分布于我国华东、中南地区及辽宁、陕西、四川、云南、贵州等省。

全草含挥发油、倍半萜烯、倍半萜醇等。

全草用于感冒发热、咳嗽、急性咽炎、扁桃体炎、流行性腮腺炎、传染性肝炎、胃、十二指肠溃疡、小儿疳积、肠炎、痢疾、吐血、衄血、崩漏、月经不调；外用治疗疮疖肿毒、乳腺炎、外伤出血。内服：9～18 g。外用适量。

1.预防流行性感冒：马兰9 g，紫金牛12 g，大青根、栀子根、金银藤各15 g。水煎服。

2.流行性腮腺炎：马兰根60 g。水煎服。

嫩茎叶可作野菜食用。

291. 大头橐吾（猴巴掌、兔打伞）

• 大头橐吾

为菊科植物大头橐吾*Ligularia japonica*（Thunb.）Less.的根或全草。

草本。下部叶大形，长宽达30 cm，掌状3～5深裂，裂片再掌状浅裂，小裂片全缘或有锯齿；叶柄长，基部常扩大抱茎。头状花序大，排成伞房花序或总状花序；总苞片1列，宽矩圆形；边花舌状，雌性，结实，1列，长而狭，黄色；管状两性，多数，结实。瘦果圆柱形，冠毛红褐色。生于阴湿的林下、溪边、沼泽地。分布于浙江、江西、福建、台湾、湖北、广东、云南等省区。

全株含呋喃倍半萜、吡咯里西啶生物碱。

用于跌打损伤、腰腿疼痛、痈肿初起、毒蛇咬伤。内服：9～15 g。外用适量。

跌打损伤：大头橐吾根15 g。酒、水各半煎服；另用鲜全草适量。捣烂外敷。

292. 星状风毛菊（匐地风毛菊，星状雪兔子）

为菊科植物星状风毛菊*Saussurea stella* Maxim.的全草。

无茎草本。根粗壮，圆锥形，肉质。叶莲座状，线状披针形，基部扩大，紫红色。头状花序多数密集成半球形，无总梗；总苞圆筒形，总苞片5列，顶端钝，常为紫红色，边缘膜质。花全部管状，两性，紫色；花药蓝灰色，基部有尾；花柱分枝具短刺毛；冠毛羽状，白色。瘦果顶端具膜质冠状边缘。生于高山草地、河边、阴湿山坡。分布于青海、甘肃、西藏、云南、四川等省区。

含芹菜素、刺槐素、椴树素、山柰酚、槲皮甙。

用于风湿痹痛、筋脉拘挛、食物中毒。内服：15～25 g。

1.风湿筋骨痛：星状风毛菊15 g，秦艽9 g，老鹳草30 g，铁线莲9 g。水煎服。

2. 解食物中毒：星状风毛菊18 g，糙苏15 g。水煎服。

星状风毛菊

293. 肥猪苗（黄菊莲、猫耳朵、野麻叶）

为菊科植物蒲儿根*Senecio oldhamianus* Maxim.的全草。

草本。叶近圆形，基部浅心形，边缘有重锯齿。头状花序复伞房状排列；总苞宽钟状；花黄色，舌状花1层，条形；筒状花多数。瘦果；冠毛白色。生于林缘、草坡、荒地、路旁。分布于我国西北、华东、中南、西南等地区。

用于痈疮肿毒、泌尿系感染、湿疹、跌打损伤。内服：9～15 g。外用适量。

疮疔：肥猪苗鲜叶适量，加等量紫花地丁。捣烂敷患处。

• 蒲儿根

294. 千里光

（千里急、九里光、九里明、九岭光、一扫光、黄花母、七里光）

为菊科植物千里光*Senecio scandens* Buch.-Ham. *ex* D.Don的全草。

攀援草本。叶卵状披针形至长三角形，基部宽楔形、截形、戟形或心形，边缘有齿，或叶的下部有2～4对深裂片。头状花序多数，排成复总状伞房花序；总苞筒状；总苞片1层；舌状花黄色，8～9个；筒状花多数。瘦果圆柱形；

冠毛白色。生于林下、灌丛中、溪边、路旁。分布于我国华东、中南、西南地区及陕西、甘肃、广西、西藏等省区。

含毛茛黄素、菊黄质、β-胡萝卜素、千里光宁碱、氢醌、对-羟基苯乙酸、香草酸、水杨酸、焦黏酸、挥发油、黄酮甙、鞣质等。

有抗菌、抗钩端螺旋体、抗肿瘤、抗滴虫作用。

用于流感、上呼吸道感染、肺炎、急性扁桃体炎、腮腺炎、急性肠炎、菌痢、黄疸型肝炎、胆囊炎、急性尿路感染、目赤肿痛、翳障、痈肿疖毒、丹毒、湿疹、干湿癣疮、滴虫性阴道炎、烧烫伤、钩端螺旋体病、毒蛇咬伤。内服：15～30 g。外用适量。

1.疮痈溃烂：千里光、半边莲、犁头草各适量。捣烂，敷患处。

2.毒蛇咬伤：鲜千里光60 g，雄黄3 g。捣烂，敷患处。

千里光类生物碱具有较强的肝毒性，并有潜在的致癌性。但千里光属植物亦含阔叶千里光碱和季普拉西碱，属于非肝脏毒性生物碱，有箭毒样和阿托品样作用，原苏联已开发应用于临床。对于该属植物的肝毒作用及其致癌性和抗癌性应辩证看待。今后应在化学成分及其药理活性、构效关系、临床和质量控制等方面进行更深入地研究，以保证本属药用植物的用药安全。

• 千里光

295. 水飞蓟（水飞雉、奶蓟、老鼠簕）

为菊科植物水飞蓟*Silybum marianum*（L.）Gaertn.的全草及瘦果。

草本。茎多分枝。基生叶莲座状，长椭圆状披针形，深或浅羽状分裂，缘齿有尖刺，上面有乳白色斑纹，基部抱茎；中部、上部叶片渐小。头状花序径3～6 cm；总苞片多层，革质，顶端有长刺；管状花紫红或淡红色。瘦果长椭圆形，暗褐色或褐色。有纵纹及白斑；冠毛白色，刚毛状，基部合生成环。江苏、陕西、四川、北京等地有栽培。

全草含黄酮类（水飞蓟素等）、延胡索酸。种子含羟基黄酮醇、脂肪油、有机酸等。

种子有保肝、稳定细胞内膜、抗放射、抗炎、降血压、保护脑缺氧、降胆固醇、抗血小板聚集、抗脂肪肝、刺激植物生长作用。

全草用于肿疡及丹毒。果实及其提取物用于肝炎、肝硬化、脂肪肝、代谢中毒性肝损伤、胆石症、胆管炎、肝胆管周围炎。

肝炎：水飞蓟素（西利马灵）。遵医嘱服用。

• 水飞蓟

296. 万寿菊（臭菊花、蜂窝菊、黄菊、里苦艾）

• 万寿菊

为菊科植物万寿菊 *Tagetes erecta* L.的花序。

草本。叶羽状深裂，裂片长椭圆形或披针形，边缘具锐齿；叶缘有少数腺体。头状花序；花序梗顶端棍棒状膨大；总苞杯状，具齿尖；舌状花黄色或暗橙色，舌片倒卵形，基部收缩成长爪；管状花黄色，5齿裂。瘦果线形；冠毛有长芒和鳞片。全国各地栽培。

花含万寿菊属甙、堆心菊素、类胡萝卜素、八氢番茄烃、叶黄素、菊黄质、除虫菊素、叶黄素二肉豆蔻酸酯、丁香酸、辣薄荷酮、丁香烯等。根含挥发油。

有抑菌、镇静、解痉、杀线虫作用。

用于上呼吸道感染、百日咳、结膜炎、咽炎、口腔炎、牙痛、咽炎、眩晕、小儿惊风、闭经、血淤腹痛、腮腺炎、乳腺炎、痈疮肿毒。内服：3～9 g。外用适量。

1.气管炎：鲜万寿菊30 g，水朝阳花9 g，紫菀6 g。水煎服。

2.腮腺炎、乳腺炎：万寿菊、重楼、金银花各适量。研末。醋调外敷患部。

万寿菊花含丰富的天然色素——叶黄素，可作食品添加剂，亦能延缓老年人因黄斑退化而引起的视力退化和失明症以及因机体衰老引发的心血管硬化、冠心病和肿瘤疾病等。叶黄素加在鸡饲料里，可以提高鸡蛋的营养价值及蛋黄颜色，还可应用于化妆品、水产品等行业中。花瓣可以给纸或百花香上色。花有香味，可做芳香剂，亦为常见观赏花卉。

297. 蒲公英

（地丁、白鼓丁、黄花地丁、尿床草、鬼灯笼、黄花郎）

• 蒲公英

为菊科植物蒲公英*Taraxacum mongolicum* Hand.-Mazz.的带根全草。

草本，全株含白色乳汁。根粗长，外皮黄棕色。叶莲座状；叶片线状披针形至倒卵形，基部下延，边缘浅裂或不规则羽裂，裂片齿状或三角形，全缘或具疏齿。花茎由叶丛中抽出；头状花序单一，顶生；舌状花两性，黄色。瘦果倒披针形，具纵棱，有刺状突起，具喙；冠毛白色。生于山坡、草地、路旁、河岸沙地及田间。分布于我国东北、华北、华东、华中、西南地区及陕西、甘肃、青海省。

含蒲公英甾醇、蒲公英赛醇、胆碱、菊糖、果胶、β-谷甾醇、咖啡酸、绿原酸、槲皮素和木樨草素-7-O-葡萄糖苷、维生素A、维生素C及矿物质等。

有抗病原微生物、抗肿瘤、抗胃溃疡、利胆、保肝、利尿、促进毛细血管循环、促进脑垂体分泌、提高免疫功能、健胃、轻泻作用。蒲公英制剂低浓度时直接兴奋离体蛙心，而高浓度时则呈抑制作用。对体外培养心肌细胞有保护作用。

用于乳痈、肺脓肿、口腔炎、固齿、腮腺炎、瘰疬、疔毒疮肿、急性结膜炎、感冒发热、咳嗽、咽喉肿痛、胃炎、肠炎、胃溃疡、痢疾、肝炎、胆囊炎、胆结石、阑尾炎、尿路感染、闭尿症、消化不良、便秘、湿疹、痤疮、蛇虫咬伤。内服：10～30 g，大剂量60 g。外用适量。非实热之证及阴疽者慎服。白色汁液可治疗鸡眼、疣。花朵煎成药汁可以去除雀斑。

1.疔毒疮肿：蒲公英、金银花各15 g。水煎服。

2.急性结膜炎：蒲公英30 g，菊花9 g，薄荷6 g（后下），车前子12 g（布包）。水煎服。

商品蒲公英通常含蒲公英属植物1～4种。早春的嫩蒲公英是一种传统野菜，可以凉拌、烧汤、炒熟、做饺子馅。欧洲人在中世纪时就已经用蒲公英花来酿酒了。根可提取洋红色染料，烤干磨成粉后可以泡茶，做苦味健胃剂。蒲公英在加拿大已正式注册为利尿、解水肿的草药。

298. 蟛蜞菊（黄花蟛蜞草、黄花龙舌草、田黄菊、卤地菊）

为菊科植物蟛蜞菊*Wedelia chinensis*（Osb.）Merr.的全草。

●蟛蜞菊

草本，全株被短刚毛，揉之淡黑色。茎匍匐细长。叶椭圆状披针形，近全缘或具大齿。头状花序；总苞片2列，外列近叶状；边花舌状，雌性；中央花管状，两性，黄色。瘦果扁平。生于田边、路旁湿地。分布于福建、广东等省。

叶含蟛蜞菊内酯、异黄酮类化合物。

有抑菌、抑制乙型肝炎病毒表面抗原（HBsAg）作用。

用于预防麻疹、感冒发热、白喉、咽喉炎、扁桃体炎、支气管炎、肺炎、百日咳、咯血、高血压、疔疮疖肿。内服：15～30 g。外用适量。

预防白喉：鲜蟛蜞菊15～30 g。水煎服，连服3天。

299. 苍耳子

（耳实、苍耳实、牛虱子、胡苍子、饿虱子、苍耳蒺藜）

• 苍耳

为菊科植物苍耳*Xanthium sibiricum* Patrin. ex Widder带总苞的果实。

草本。根纺锤状。叶三角状卵形或心形，近全缘或3～5浅裂。头状花序；单性同株；雄花序球形；小花管状，5齿裂；雌花序卵形，总苞片2～3列，外面有倒刺毛，顶有2圆锥状的尖端；小花2，无花冠，花柱突出总苞外。成熟瘦果的总苞坚硬，具喙，淡黄色或红褐色，外面疏生具钩的总苞刺。生于低山、荒野、路边、沟旁。分布于全国各地。

含脂肪油（约9.2%）、蜡醇、卵磷脂、脑磷脂、苍耳子甙、氨基酸、糖类、有机酸。种仁含脂肪油约40%、氢醌、甙类。

有降血糖、抑制心脏、轻度降血压、增强血管通透性、抗凝血酶、降胆固醇和甘油三酯、抗炎、镇痛、免疫抑制、抗氧化、抗微生物、抗菌、抗肝炎病毒、镇咳、抗过敏、抗癌作用。

用于慢性鼻炎、慢性气管炎、急性菌痢、顽固性牙痛、腰腿痛、急性腰部扭伤、腰肌劳损、风寒头痛、风湿痹痛、水肿、风疹、湿疹、疔疮、疥癣。内服：3～10 g。外用适量。有毒，剂量不可过大。中毒严重时可发生昏迷、抽搐、休克、尿闭、胃肠道大出血、肺水肿以致呼吸、循环或肾功能衰竭而死亡。

鼻流浊涕：辛夷25 g，苍耳子8 g，香白芷50 g，薄荷叶1.5 g。研末，每服6 g，葱、茶调服。

300. 薏苡仁（薏米、米仁、薏仁、苡仁、裕米、益米）

为禾本科植物薏苡*Coix chinensis* Tod.的种仁。

草本。叶片线状披针形；叶鞘光滑，上部者短于节间；叶舌质硬。总状花序腋生成束；雌小穗位于花序下部，外面包以骨质念珠状的总苞；雄小穗常2～3枚生于第1节。颖果，总苞坚硬，卵形或卵状球形。生于屋旁、荒野、河边或阴湿山谷。我国大部分地区均有栽培。

含薏苡仁酯、粗蛋白、脂类、葡聚糖、薏苡多糖。种子含油。

有抗肿瘤、抑制骨骼肌收缩、镇痛、抗炎、促进消化、增强免疫力、镇静、解热、降血钙、抗补体、降血糖、诱发排卵作用。种子油对离体蛙心有兴奋作用（高浓度抑制），可抑制盐酸性、水浸应激性小鼠胃溃疡及番泻叶性小鼠腹泻。

用于水肿、脚气、痤疮、痛风、支气管炎、脚气、阑尾炎、小便淋沥、湿温病、泄泻、带下、风湿痹痛、筋脉拘挛、恶性肿瘤、肠痈、扁平疣。内服：10～30 g。健脾益胃，宜炒用。本品力缓，宜多服久服。脾虚无湿，大便燥结者及孕妇慎服。

风湿痹痛、水肿：薏苡仁适量。煮粥，空腹食之。

种仁药食两用，还可做化妆品、滋补品、利尿剂、镇静剂、软化剂。在热带美洲，人们咀嚼叶子治疗牙痛，印尼人用根来驱杀肠道寄生虫。

• 薏苡

301. 白茅（茅根、茅草、地节、甜草、丝毛草）

为禾本科植物白茅*Imperata cylindrica* var. *major*（Nees.）C.E.Hubb.的根茎及花。

草本。根匍匐横走，密被鳞片。秆丛生。叶线形或线状披针形；叶鞘褐色，叶舌短。圆锥花序紧缩呈穗状；小穗披针形或长圆形，成对排列在花序轴上，其中一小穗具较长的梗；花两性，每小穗1花，基部被白色丝状柔毛。颖果椭圆形，暗褐色。生于路旁、向阳干草地或山坡上。分布于我国东北、华北、华东、中南、西南地区及陕西、甘肃省。

根茎含芦竹素、白茅素、薏苡素、羊齿烯醇、西米杜鹃醇、白头翁素、乔木萜醇、甾醇类、糖类、有机酸、类胡萝卜素等。

根茎有抗病毒、利尿、增强免疫、抗癌、抑制毛细血管通透性作用。

根茎用于血热出血、流行性感冒、黄疸、热病烦渴、胃热呕逆、肺热喘咳、小便淋沥涩痛、水肿、肝炎。内服：10～30 g，鲜品30～60 g。外用适量。脾胃虚寒、尿多不渴者禁服。花用于鼻血、肺病、焦渴等，对神经紧张有缓解作用。

1. 胃出血：白茅根、生荷叶各30 g，侧柏叶、藕节各9 g，黑豆少许。水煎服。

2. 肾脏炎、浮肿：鲜白茅根30 g，西瓜皮20 g，赤豆40 g，五蜀黍蕊10 g。水煎服。

民间夏日喜熬白茅根水饮，以清暑热与血热。

● 白茅

302. 玉米（黍、包谷）

为禾本科植物玉蜀黍*Zea mays* L.的种子、花柱、柱头、穗轴、苞片及叶。

草本。秆粗壮。叶线状披针形。总状花序组成圆锥花序；雄花序顶生，每节有2雄小穗；每1雄小穗含2小花；雌花序腋生，圆柱状，外包多数鞘状苞片，雌小穗密集成纵行排列于粗壮的穗轴上。全国各地栽培。

玉蜀黍

种子含淀粉达61.2%。尚含生物碱、B族维生素、玉蜀黍黄质、果胶等。种子油含多种脂肪酸的甘油酯。花柱和柱头含脂肪油、挥发油、树胶样物质、树脂、苦味糖甙、皂甙、生物碱、隐黄质、维生素C、泛酸、肌醇、维生素K、谷甾醇、豆甾醇、有机酸、生育酚、硝酸钾。穗轴、叶含多糖。

花柱和柱头有兴奋、利尿、镇静、降压、利胆、降血糖、降胆固醇、凝血作用。雄花穗有增加血清高密度脂蛋白含量，减少主动脉粥样硬化斑块面积作用。花粉有降血脂、抗心肌缺血、缺氧、改善微循环、延寿、增高脑内超氧化物歧化酶活性及蛋白质含量、降低脂褐素含量、抑制脂质过氧化、保护细胞膜、催眠、增加回肠结肠的张力及活动、抗疲劳作用。穗轴干叶有抗癌作用。

种子用于食欲不振、小便不利、水肿、尿路结石。内服：30～60 g。久食助湿损胃。种子油用于高血压、高血脂、动脉硬化、冠心病。花柱和柱头用于水肿、小便淋沥、黄疸、胆囊炎、胆结石、高血压、糖尿病、乳汁不通、过度紧张。雄花穗用于肝炎、胆囊炎。穗轴用于消化不良、泻痢、小便不利、水肿、脚气、小儿夏季热、口舌糜烂。鞘状苞片用于肾及膀胱结石、胃炎、吐酸、腹水。叶用于砂淋、小便涩痛。根用于小便不利、水肿、砂淋、胃痛、吐血；制成糊药能清除伤口浓液。

1.小便不利、水肿：玉蜀黍粉、山药各60 g。煮粥。

2.胆道结石（泥沙状）：玉米须、芦根各30 g，茵陈15 g。水煎服。

3.糖尿病：玉蜀黍须60 g，绿豆30 g。水煎服。

4.尿路结石：玉蜀黍根90～150 g。水煎服。

种子为我国主要粮食之一。玉米淀粉可制作化妆品、洗衣粉和碘的解毒剂。

303. 石菖蒲

（菖蒲、苦菖蒲、剑叶菖蒲、山菖蒲、野韭菜、香草）

• 石菖蒲

为天南星科植物石菖蒲*Acorus tatarinowii* Schott的根茎。

草本。根肉质；根茎横卧，芳香，外皮黄褐色，上部分枝密，丛生状，常被纤维状宿存叶基。叶线形，基部对折，两侧膜质，叶鞘宽，上延。花序柄腋生，三棱形。佛焰苞叶状；肉穗花序圆柱形；花白色。成熟果穗长7～8 cm；幼果绿色，成熟时黄绿色或黄白色。生于密林下或溪旁石上。分布于黄河流域以南各地区。

含挥发油（其中蒿脑31.453%，内有α－、β－及γ－细辛脑）、欧细辛脑、顺式甲基异丁香油酚、榄香脂素、细辛醛、δ－荜澄茄烯、百里香酚、肉豆蔻酸。

有镇静、抗惊厥、促进体力和智力、抗抑郁、解痉、抗心律失常、抑制血小板聚集、增强红细胞变形能力作用。有致突变和致癌作用。

用于热病神昏、痰厥、健忘、耳鸣、耳聋、脘腹胀痛、噤口痢、风湿痹痛、跌打损伤、痈疽疥癣。内服：3～6 g，鲜品加倍。外用适量。阴虚阳亢、汗多、精滑者慎服。

痈肿：生石菖蒲适量。捣烂，贴敷。

可作香精油的提取原料，民间作避秽品及戒除烟瘾。石菖蒲是一种新型昆虫抗性腺药，可用于昆虫控制。1971年美国食品和药物管理局宣布β-细辛脑具致癌性。古代养生学家认为石菖蒲有延年益寿作用。

304. 鸡爪芋（鞋板芋、南芋、南星头）

为天南星科植物疣柄磨芋*Amorphophallus virosus* N.E.Brown的块茎。

● 疣柄磨芋

草本。块茎扁球形，直径约20 cm。叶单一（稀2），3全裂，裂片2歧分裂或羽状分裂，小裂片基部下延；叶柄长，具白斑。花序柄短粗；佛焰苞长，喉部宽，卵形，外面绿色，具紫条纹和绿白色斑块，内面深紫色，具疣，边缘波状；肉穗花序极臭；花单性，无花被；雌花序长圆柱形，紫褐色，雄花序倒圆锥形，黄绿色；附属器圆锥形，青紫色，海绵质。果序柄亮褐色，微具三棱，表面具疣。浆果椭圆形，橘红色。种子长圆形，外种皮肉质，褐色，内种皮薄，白色。生于草坡、灌丛中或荒地。分布于广东、广西、云南等省区。

含淀粉及多聚糖。

用于慢性迁延性肝炎。内服。有毒。

慢性迁延性肝炎：鸡爪芋水提物制成颗粒剂，遵医嘱服用。

疣柄磨芋地上部分作猪饲料，有催膘良效。

305. 虎掌南星

（狗爪南星、南星、野芋头、山苞米、蛇包谷、独足伞、山棒子）

为天南星科植物掌叶半夏*Pinellia pedatisecta* Schott的块茎。

● 掌叶半夏

草本。1～2年生块茎近球形，三年以上块茎由于侧生2～5个乳头状小块茎而呈扁球形。叶鸟足状分裂，裂片卵状披针形或椭圆状披针形。花序梗2～4，自芽眼抽出；佛焰苞匙状披针形；肉穗花序；雌花序轴部分与佛焰苞贴生，外侧着花；雄花序轴部分游离；小花密集，黄色；附属器形如鼠尾。浆果卵形，熟时绿白色。生于林下、山谷溪旁、庭园处。分布于我国华北、华东、中南、西南地区及陕西省。

含多种生物碱、环二肽类化合物、胡萝卜甙、β－谷甾醇、棕榈酸、氨基酸和无机元素。

有镇痛、镇静、祛痰、催吐、抗肿瘤、抗惊厥、抗心律失常、抗氧化、抑制血小板聚集、扩张血管、降低血管阻力作用。

用于中风痰壅、口眼歪斜、半身不遂、手足麻痹、风痰眩晕、癫痫、惊风、破伤风、咳嗽多痰；生用外治痈肿、瘰疬、跌打损伤、毒蛇咬伤、灭蝇蛆。内服：3～9 g，有大毒，一般炮制后用，并久煎。外用适量。阴虚燥咳、热极、血虚动风者禁服，孕妇慎服。

1.热痰咳嗽：虎掌南星30 g，半夏30 g，黄芩30 g。研末，姜汁浸，蒸饼为丸梧桐子大，每服30丸，生姜汤送下。

2.痈疽疮肿：虎掌南星60 g，赤小豆90 g，白及120 g。各研细末，和匀，冷水调敷。

306. 半夏

（麻芋子、三步跳、地巴豆、地雷公、狗芋头、三叶半夏）

为天南星科植物半夏*Pinellia ternata*（Thunb.）Breit.的块茎。

草本。块茎球形。叶2～5片，幼时单叶，2～3年后为三出复叶；叶柄近基部内侧和复叶基部生有珠芽；叶卵圆形至窄披针形。佛焰苞卷合成弧曲形管状，上部内面常为深紫红色；肉穗花序顶生；附属器长鞭状。浆果卵圆形，绿白色。生于荒地、农田、溪边或林下。分布于我国大部分地区。

含挥发油、左旋麻黄碱、胆碱、β－谷甾醇、胡萝卜甙、尿黑酸、原儿茶醛、姜辣烯酮、黄芩甙、α－及β－氨基丁酸、氨基酸、无机元素、多糖、直链淀粉、半夏蛋白(植物凝集素)和胰蛋白酶抑制剂。

有催吐、抗胃溃疡、升高肝脏内酪氨酸转氨酶活性、促进胆汁分泌、镇咳、祛痰、抗室性早搏、降血脂、抗癌、抗生育、抗早孕、镇痛、镇静、催眠、解毒、抗真菌、抗炎、降低眼内压等作用。生半夏较长时间给药会抑制小鼠体重，使肾脏代谢增加，甚至引起死亡。有致畸作用。

用于咳喘痰多、呕吐反胃、胸脘痞满、头痛眩晕、夜卧不安、瘿瘤痰核、痈疽肿毒、蝎蜇伤。内服：3～9 g。外用适量。生半夏有大毒，一般炮制后用。阴虚燥咳、津伤口渴、血证及燥痰者禁服。孕妇慎服。反乌头、附子。

胃热呕吐：人参3 g，姜半夏6 g，竹茹一团，姜七片。水煎温服。

• 半夏

307. 犁头尖

（坡芋、犁头七、土半夏、耗子尾巴、老鼠尾、三角蛇、野芋荷）

为天南星科植物犁头尖*Typhonium divaricatum*（L.）Decne.的块茎及全草。

草本。块茎近球形。幼叶卵状心形，多年生植株叶心状戟形。佛焰苞全长10～18 cm，管部卵形，上部宽卵状披针形，内面深紫色，外面绿紫色；肉穗花序无柄；雌花序圆锥形；中性花序长1.7～4 cm；雄花序长4～9 mm，橙黄色；附属器具强烈的粪臭味，鼠尾状。浆果卵圆形。生于田野、路旁、草丛中。分布于我国南方各省区。

块茎含生物碱、甾醇。

块茎对流感病毒有抑制作用。

用于毒蛇咬伤、疥癣、蜂虿伤、痈疖肿毒、血管瘤、淋巴结结核、跌打损伤、外伤出血。外用适量。有毒，一般不作内服。孕妇禁服。误食会出现舌、喉麻辣、头晕、呕吐等症状。

1.毒蛇咬伤：犁头尖鲜块茎3～9 g。捣敷伤口周围。

2.淋巴结结核：犁头尖鲜全草适量，醋、糯米饭各少许。捣烂，敷患处。

• 犁头尖

308. 凤眼莲（水葫芦、水莲花、水鸭婆、凤眼兰）

为雨久花科植物凤眼莲*Eichhornia crassipes*（Mart.）Solms的全草。

草本。茎极短，具匍匐枝。叶莲座状，肉质，卵圆形，光亮；叶柄中部膨胀成葫芦状，内有气室，基部有鞘状苞片。花茎中部有鞘状苞片；穗状花序；花被青紫色，基部结合成短管，裂片6片，上面1片较大，中心有黄斑；雄蕊3长2短。蒴果卵形。栽培或逸生于池塘中。我国各地区均有分布。

叶含胡萝卜素。花含飞燕草素-葡萄糖甙。全草含氧化硅等多种无机元素。

有抑菌作用。

用于感冒发热、热淋、小便不利、湿疹、中暑烦渴、疮疖肿毒。内服：5～30 g。外用适量。

凤眼莲可观花观叶，同时有净化水质功能。茎叶可作饲料。凤眼莲原产南美，引种栽培后，现已在大部分热带、亚热带地区广布，并形成患害。目前在我国南方江河湖泊中发展迅速，成为我国淡水水体中主要的外来入侵物种之一。

凤眼莲

• 鸭跖草

309. 鸭跖草

（鸡舌草、竹叶草、鸭脚草、地地藕、竹叶菜、露草、竹根菜）

为鸭跖草科植物鸭跖草*Commelina communis* L.的全草。

草本。叶卵圆状披针形或披针形，基部下延成膜质鞘，抱茎，有白色绒毛。总苞片佛焰苞状，与叶对生；聚伞花序；萼片3片，卵形；花瓣3片，蓝色，较小的1片卵形，较大的2片近圆形，有长爪；雄蕊6枚，能育者3枚，不育者花丝较短，先端蝴蝶状。蒴果椭圆形。生于沟边、路边、田埂、荒地、山坡及林缘。分布于我国南北大部分地区。

全草含黑麦草内酯、谷甾醇、桂皮酸、胡萝卜素、D-甘露醇及正三十烷醇。地上部分含生物碱。花瓣含花色甙、黄酮甙等。

有抗菌、抗内毒素、抗炎、镇痛、止咳作用。

用于风热感冒、热病发烧、咽喉肿痛、痈肿疮毒、水肿、小便热淋涩痛、肝炎、水痘、流行性腮腺炎、痢疾、高血压。内服：15～30 g。外用适量。脾胃虚寒者慎服。

1. 急性病毒性肝炎：鸭跖草30～60 g。水煎服。每日2次，15～20天为1疗程。

2.上感发热、水痘：鸭跖草30 g，贯众15 g，黄芩15 g，射干9 g，板蓝根30 g。水煎服。

310. 百部（大百部、百条根、九丛根、一窝虎、九十九条根）

为百部科植物对叶百部*Stemona tuberosa* Lour.的块根。

攀援草本。块根肉质，纺锤形或圆柱形。茎缠绕。叶通常对生，广卵形，基部浅心形。花单生或2～3朵成总状花序，黄绿色带紫色条纹，花药附属物呈钻状或披针形。蒴果倒卵形而扁。生于山坡丛林、溪边、路旁及山谷阴湿岩石中。分布于浙江、福建、台湾、湖北、湖南、广东、广西、四川、贵州、云南等省区。

对叶百部

含百部碱、对叶百部碱、异对叶百部碱、百部次碱等。还含糖、脂类、蛋白质、灰分、有机酸等。

有抗病原微生物、杀虫、镇咳、平喘作用。

用于咳嗽、肺结核、百日咳、蛲虫病、体虱、癣疥。内服：3～10 g。外用适量。脾胃虚弱者慎服。

1.咳嗽：蜜炙百部、桔梗、荆芥、紫菀（炙）、白前各10 g，炙甘草4 g，陈皮5 g。水煎服。

2.肺结核空洞：蜜炙百部、白及各12 g，黄芩6 g，黄精15 g。水煎服。

311. 吊兰（挂兰、倒吊兰、洋参、树蕉瓜、八叶兰）

为百合科植物吊兰*Chlorophytum comosum*（Thunb.）Jacques的全草。

草本。根茎纺锤状。叶条形或条状披针形。花葶比叶长，近顶部有叶束或生幼小植株；花小，白色，花梗关节位于中部至上部；花被片6片，倒披针形。蒴果三角状扁球形。各地广泛栽培。

用于痰热咳嗽、跌打损伤、骨折、痈肿、声哑、牙痛、痔疮、烧伤。内服：6～15 g，鲜品15～30 g。外用适量。

1.咳嗽：鲜吊兰15～30 g，枇杷叶9～15 g。水煎服。

2.骨折(复位后，小夹板固定)：鲜吊兰适量。捣烂，敷患处。

吊兰是最为传统的居室垂挂植物之一，也是一种良好的室内空气净化花卉。吊兰具有较强的吸收有毒气体的功能，一般房间内养1～2盆吊兰，空气中有毒气体可基本吸收，故又有“绿色净化器”之称。

• 吊兰

312. 萱草

为植物百合科萱草*Hemerocallis fulva* L.的根。

草本。根状茎短；根粗壮，多数呈肉质细长纺锤形。叶基生，宽线形，排成两列，长可达50 cm以上。花葶长于叶；聚伞花序；花大，裂片6片，长圆形，下部合生，上部反卷，边缘波状，橘红色。蒴果背裂。种子亮黑色。生于山坡湿润处。全国各地栽培。

嫩叶含胡萝卜素、维生素、蛋白质、脂肪、碳水化合物、矿物质等。

有抗结核、抗血吸虫作用。

用于胸膈烦热、黄疸、小便赤涩、腮腺炎、膀胱炎、尿血、乳汁缺乏、月经不调、衄血、便血、乳腺炎。内服：6～9 g。外用适量。有小毒，过量服用有损视力。

乳腺炎：鲜萱草根适量。捣烂，敷患处。

绿叶成丛，花极美观，供园林观赏，又可做疏林地被植物。

●萱草

313. 百合（白花百合、岩百合、卷丹）

为百合科植物麝香百合*Lilium longiflorum* Thunb.的鳞茎。

草本。鳞茎近球形，白色。叶披针形。花喇叭状，味香；花被片6片，倒卵形或倒披针形，上方稍外弯，白色，外面基部带紫绿色，无斑点，蜜腺不具小乳头状突起。蒴果长椭圆形。种子多数。生于山坡灌丛中、石缝中或村边。分布于广东、贵州省。全国各地多栽培。

含甾体糖甙、酚性甙、酚酸甘油酯、生物碱、β－谷甾醇、胡萝卜苷、挥发油、淀粉、蛋白质、脂肪、糖、微量元素。

有止咳祛痰、耐缺氧、抗疲劳、抗过敏、提高免疫功能、抑制癌细胞增殖、延长睡眠时间作用。

• 麝香百合

用于阴虚久咳、痰中带血、热病后期、余热未清、情志不遂所致的虚烦惊悸、失眠多梦、精神恍惚、痈肿、湿疮。内服：6～12 g。外用适量。风寒咳嗽及中寒便溏者禁服。

1. 支气管扩张、咯血：百合60 g，白及120 g，蛤粉60 g，百部30 g。研末，炼蜜为丸，每丸重6 g，每次1丸，日3次。

2. 神经衰弱、心烦失眠：百合15 g，酸枣仁15 g，远志9 g。水煎服。

百合为药食两用植物，淀粉含量丰富，可作蔬菜或煮汤、煮粥。目前已开发出许多保健品及美容品。花主要用于观赏。百合的球形鳞茎由多数鳞片抱合而成，中国自古视为吉祥花卉，取“百年好合”“百事合意”之意。法国国花。

• 七叶一枝花

314. 七叶一枝花（蚤休、铁灯台、重楼、九道箍）

为百合科植物七叶一枝花*Paris polyphylla* Sm.的根状茎。

草本。茎基部具1～3枚膜质鞘。叶5～10片，轮生于茎顶，矩圆形至倒卵状披针形。花茎似为茎的延续；外轮花被片3～6片，绿色，狭卵状披针形；内轮花被片条形，通常比外轮长；药隔突出；子房具棱，顶端具盘状花柱基，花柱具4～5粗短分枝。蒴果紫色。种子具鲜红色多汁外种皮。生于林下。分布于我国西南地区。

含重楼皂甙、其甙元为薯蓣皂甙元。尚含氨基酸、甾酮等。

有抑菌、抑制乙型肝炎病毒表面抗原（HBsAg）、抗肿瘤、杀精子作用。

用于痈肿疮毒、咽喉肿痛、呼吸道感染、乳腺炎、腮腺炎、肿瘤、蛇虫咬伤、跌打损伤、肝热抽搐。内服：3～10 g。外用适量。有小毒。脾胃虚寒泄泻，胃有痰饮湿浊及暴感风寒咳嗽者忌服。

无名肿毒：七叶一枝花、生半夏、生南星、霸王七各适量。捣烂，外敷。

• 玉竹

315. 玉竹（萎蕤、玉参）

为百合科黄精属植物玉竹*Polygonatum odoratum*（Mill.）Druce的根状茎。《神农本草经》列为上品。李时珍《本草纲目》：“其叶光莹像竹，其根长而多节，故有玉竹，地节诸名。”

草本。根状茎横走，圆柱状，结节不膨大。叶椭圆形至卵状矩圆形，先端尖。花1至数朵腋生；花被筒状，白色至淡黄绿色，裂片6片，披针形；雄蕊6枚，着生在花被筒中部，花丝短。浆果球形，熟时蓝黑色。生于山坡阴湿处、林下或灌丛中。我国大部分地区有栽培。

含黏液质、淀粉、糖、烟酸、生物碱等。

有增加冠脉流量、降血三酰甘油和总胆固醇、延缓衰老、增强免疫功能、降血糖、抗菌作用。

用于阴虚劳嗽、肺结核咳嗽、脾虚乏力、食少口干、高脂血症、心脏病、糖尿病、神经衰弱。内服：6～15 g。中寒泄泻、痰湿痞满气滞者禁服。

1.胃热口干：玉竹、生石膏各15 g，沙参、麦冬各9 g。水煎服。

2.心脏病：玉竹15 g。水煎服。

3.糖尿病：玉竹、山药、天花粉、生地黄各15 g。水煎服。

药、食两用植物。

316. 黄精

（鹿竹、萎蕤、野生姜、鸡头黄精、鸡头七、老虎姜、鸡头参）

为百合科黄精属植物黄精*Polygonatum sibiricum Delar. ex Redoute*的根状茎。根状茎色黄，《别录》列于草部之首，以其得坤土之精粹，故谓之“黄精”。

草本。根状茎横走，圆柱状，结节膨大。叶4～6片轮生，无柄；叶片条状披针形，先端拳卷。花腋生，下垂，2～4朵成伞形花序；花被筒状，白色至淡黄色，裂片6片，披针形；雄蕊着生在花被筒的1／2以上处，花丝短。浆果球形，成熟时紫黑色。生于山坡阴湿处、林下或灌丛中。分布于我国华北、东北、西北地区及浙江、山东、安徽省。

含黏液质、淀粉、糖、蒽醌类化合物、氨基酸、维生素、呋甾烯醇型皂甙、螺甾烯醇型皂甙。

黄精

有增加冠脉流量、降血压、降血三酰甘油和总胆固醇、延缓衰老、抗辐射、增强免疫功能、降血糖、抗菌、抗病毒、提高耐缺氧能力、促进正常小鼠的学习能力、抗癌作用。

用于阴虚劳嗽、肺燥咳嗽、脾虚乏力、食少口干、糖尿病、肾亏腰膝酸软、阳痿遗精、耳鸣目暗、须发早白、神经衰弱、白细胞减少症、体虚羸瘦、疡疮、风癞癣疾。内服：10～15 g。外用适量。中寒泄泻，痰湿痞满气滞者禁服。

1.肺燥咳嗽：黄精15 g，北沙参12 g，杏仁、桑叶、麦门冬各9 g，生甘草6 g。水煎服。

2.慢性肝炎：丹参30 g，黄精25 g，糯稻根须25 g。水煎服。

3.糖尿病：黄精、山药、天花粉、生地黄各15 g。水煎服。

商品分鸡头黄精(黄精*P. sibiricum*)，姜形黄精(多花黄精*P. cyrtonema*)，大黄精(滇黄精*P. kingianum*)等。《本草蒙筌》云：“根如嫩姜，俗名野生姜，九蒸九晒，可以代粮。”

● 黄精花

317. 吉祥草（玉带草，观音草）

为百合科植物吉祥草*Reineckia carnea*（Andr.）Kunth的全草。

吉祥草

草本。根状茎匍匐，节上生须根。叶线形至卵状披针形。圆锥状花序；花被6片，下部筒状，外面紫红色，内面淡粉红色或白色，裂片反曲；雄蕊6枚，白色或淡粉红色，花药淡蓝色。浆果熟后红色。种子白色。生于林边、草坡及疏林下。多为人工栽培。分布于全国各地。

含多种甾体皂甙元。

用于肺结核咯血、慢性支气管炎、目翳、哮喘、风湿性关节炎、跌打损伤、骨折。内服：6～10 g。外用适量。

咳嗽：吉祥草30 g。炖猪肉吃。

观叶地面覆盖植物。吉祥草叶形似兰，耐寒耐阴，将其装入各式各样的金鱼缸或其他玻璃器皿中进行水养栽培，是理想的室内装饰品。

318. 土茯苓

（禹余粮、仙遗粮、冷饭头、狗老薯、冷饭团、饭团根、土苓、红土苓）

为百合科植物光叶菝葜*Smilax glabra* Roxb.的根状茎。本品皮如茯苓，断面近白色，粉性，亦与茯苓相似，然非菌类，乃土生植物，故名土茯苓。

攀援灌木。根状茎粗厚、不规则块状。茎无刺。叶柄具狭鞘，卷须2，脱落点位于近顶端；叶片狭椭圆状披针形至狭卵状披针形。雌雄异株；伞形花序；

光叶菝葜

花绿白色，六棱状球形；雄花外花被片兜状，内花被片近圆形，边缘有齿；雄蕊靠合；雌花内花被片边缘无齿。浆果熟时黑色，具粉霜。生于林下、灌丛中。分布于长江流域以南以及甘肃、台湾、海南、云南等省。

含落新妇甙、黄杞甙、异黄杞苷、莽草酸、阿魏酸、β－谷甾醇、葡萄糖、土茯苓苷、花旗松素、薯蓣皂苷元、鞣质等。

有抗肿瘤、抑菌、抗炎、抗急性脑缺氧，改善化学药物造成的记忆损害、β－受体阻滞样作用。对棉酚有解毒作用。可降低动脉粥样硬化斑块发生。

用于高脂血症、大骨节病、复发性口疮、痤疮、痛风、流行性腮腺炎、急性睾丸炎、梅毒、血管神经性头痛、蛋白尿、类风湿性关节炎、白塞氏病、膝关节积水、日晒疮、小儿疳积、痛经、扁平疣、牛皮癣、漆过敏、黄褐斑、汞中毒。内服：10～60 g。外用适量。肝肾阴虚者慎服，忌犯铁器，服时忌茶。

1.梅毒：土茯苓200 g，黄柏100 g，生黄芪100 g，生甘草50 g。水煎服。

2.黄褐斑：土茯苓100 g。水煎分2次服用，2天1剂。治疗期间避免日晒。

土茯苓可药、食两用，作饮料的调味品。三年困难时期曾用根茎取粉作粮食的代用品。

319. 罗裙带

（扁担叶、裙带草、斩蛇剑、九筋草、白花石蒜、十八学士）

为石蒜科植物文殊兰*Crinum asiaticum* L.var. *sinicum*（Roxb.ex Herb.）Baker的叶、果及鳞茎。

草本。鳞茎长柱形，直径约10～15 cm。叶多列，带状披针形，长可达1 m。花茎粗壮；伞形花序；佛焰苞状总苞片2片；苞片多数，狭条形；花高脚碟状，芳香，筒部细长，裂片6片，条形，白色，先端渐狭。蒴果近球形，浅黄色。生于河旁沙地，亦栽植于庭园。分布于福建、台湾、湖南、广东、海南、广西、四川、贵州、云南等省区。

全株含多种生物碱：文殊兰碱、文殊兰星碱、石蒜碱、多花水仙碱等。

全株有拟胆碱样作用。多花水仙碱能加快小鼠运动—防御性条件反射的形成。

叶用于热疮肿毒、淋巴结炎、咽喉炎、头痛、痹痛麻木、跌打瘀肿、骨折、毒蛇咬伤。内服：3～10 g。外用适量。果用于跌打肿痛。鳞茎用于痈疽疮肿、疥癣、乳痈、喉痛、牙痛、风湿性关节痛、跌打损伤、骨折、毒蛇咬伤。全株有毒。内服宜慎，寒疽禁用。

1.头风痛：罗裙带叶1张。用火烤软，乘热包扎头部。

2.肿毒：鲜罗裙带叶或鳞茎适量。捣汁，搽患处。

文殊兰花叶均美，具有较高的观赏价值。

● 文殊兰

320. 野山药（风车儿、山药、山芋）

为薯蓣科植物日本薯蓣*Dioscorea japonica* Thunb.的块茎及果实。

日本薯蓣

草质藤本。块茎长圆柱形。茎右旋。叶形变异大，通常为长椭圆状狭三角形，顶端长渐尖至锐尖，基部心形至戟形；叶腋间常有大小形状不等的珠芽。雌雄异株；花序穗状；雄花绿白色或淡黄色，花被片6片，有紫斑；雌花具退化雄蕊。蒴果肾形，翅3。种子四周有膜质翅。生于向阳山坡、灌丛中或林下。分布于淮河以南各省区。

块茎含三萜皂甙、尿囊素、黏液质、胆碱、氨基酸、无机元素、日本薯蓣多糖A–F等。

块茎有降血糖、耐缺氧、免疫促进作用。对脾虚大鼠模型引起的便溏等症状有预防和治疗作用。

块茎用于脾虚泻泄、肾虚遗精、带下、食少浮肿、肺虚咳喘、糖尿病、小便频数、肿毒、烫伤。内服：15～30 g。外用适量。果实名“风车儿”，用于耳鸣。

1.脾虚泻泄：野山药、白术各30 g，人参1 g。研细末，煮白面糊丸如小豆大，每服30丸，空腹饭前温米汤饮下。

2.肝肾两虚、视力减退：野山药、熟地、川牛膝、枸杞、菊花各15 g，五味子9 g。水煎服。

块茎可食用，为强壮健胃剂。

321. 盾叶薯蓣（黄姜、火头根）

为薯蓣科植物盾叶薯蓣*Dioscorea zingiberensis* C.H.Wright的根状茎。

草质缠绕藤本。茎左旋，在分枝或叶柄的基部有时具短刺。叶盾形，上面常有不规则块状的黄白斑纹，边缘浅波状，基部心形或截形。雌雄异株或同株；雄花序穗状；雄花单生，或2～3朵簇生，花被紫红色，碟形，6裂，雄蕊6枚。蒴果干燥后蓝黑色。种子栗褐色，四周围有薄膜状翅。生于溪流两侧山谷、林边或灌丛中。分布于河南、湖北、湖南、陕西、甘肃、云南、四川等省。

根状茎含薯蓣皂甙。

根状茎用于痈疖早期未破溃、皮肤急性化脓性感染、软组织损伤、蜂蜇虫咬。外用适量，捣烂敷患处。

痈疖早期未破溃：鲜盾叶薯蓣60～120 g。研粉，加凡士林适量，调敷患处。

盾叶薯蓣根状茎多用于提取薯蓣皂甙。薯蓣皂甙是合成副肾上腺皮质激素可的松及口服和注射用避孕药物的主要原料。

• 盾叶薯蓣

322. 山药（白苕、怀山药、薯蓣、野牛尾苕、山芋）

为薯蓣科植物薯蓣*Dioscorea opposita* Thunb.的块茎。

缠绕草质藤本。块茎长圆柱形，断面白色，富黏性，干后粉质。茎右旋。叶形变异大，卵状三角形至宽卵状戟形，基部心形、戟形至近截形，边缘常3裂；叶腋内常有珠芽（零余子）。雌雄异株；花序穗状，偶呈圆锥状排列；序轴“之”字形；苞片和花被片有紫褐色斑点；雄花的外轮花瓣片宽卵形，内轮卵形；雄蕊6枚。蒴果三棱状扁圆形，有白粉及膜质翅。生于山坡、林下、溪边、灌丛中。分布于我国华北、西北、华东和华中地区。

块茎含蛋白质、淀粉、胡萝卜素、维生素、纤维素、胆碱、薯蓣皂甙元、多巴胺、山药碱、多酚氧化酶、尿囊素、糖蛋白、多糖、无机元素。黏液中含植酸、甘露多糖等。珠芽含酚性植物生长调节剂。

• 薯蓣

有降血糖、调节肠管节律性活动、提高免疫功能、抗白细胞降低、抗突变、防止动脉粥样硬化、防止肝脏肾脏中结缔组织萎缩、抗肿瘤、耐缺氧作用。

用于脾虚泄泻、食少浮肿、惊悸怔忡、肺虚咳喘、糖尿病、胶原病、遗精、带下、痛经、妊娠呕吐、肾虚尿频、痈肿、瘰疬。内服：15～30 g。外用适量。补阴宜生用；健脾止泻宜炒用。湿盛中满或有实邪、积滞者禁服。

脾虚食少：山药、白术各50 g，人参1 g。水煎服。

块茎可炒食、煮食、糖馏、炖汤吃。

323. 射干（开喉箭、黄知母、扁竹兰、金蝴蝶）

为鸢尾科植物射干*Belamcanda chinensis*（L.）DC.的根茎。

草本。根茎粗壮，鲜黄色，结节状。叶扁平，宽剑形，对折，互相嵌叠成2列。聚伞花序伞房状，2叉状分枝；花被片6片，倒卵形或长椭圆形，2轮，橘黄色，有暗红色斑点；雄蕊3枚；雌蕊1枚。蒴果倒卵形或长椭圆形，具3纵棱。种子近圆形，黑紫色，有光泽。生于山坡、田野、林缘。分布于全国各地。

● 射干

根及根茎含鸢尾甙、鸢尾黄酮、射干异黄酮、洋鸢尾素、野鸢尾黄素、白射干素、德鸢尾素、染料木素、射干酮、挥发油等。

有抗炎、抗病原微生物、雌性激素样、抗凝血、解热、祛痰、抗皮肤过敏、促进唾液分泌、利胆、利尿作用。能增加胆碱乙酰化酶的活性。射干单用无致癌危险，但与致癌物（3—甲基胆蒽）同用，有促进小鼠皮肤肿瘤发生作用，强度弱于巴豆油。

用于咽喉肿痛、痰壅咳喘、肝脾肿大、结核病、闭经、乳腺炎、痈肿疮毒、水田皮炎、跌打损伤。内服：5～10 g。外用适量。有小毒。病无实热、脾虚便溏者及孕妇禁服。

腮腺炎：射干、小血藤叶适量。捣烂，敷患处。

近年来国内外，尤其是日本对射干化学成分、药理作用进行了大量深入的研究，进一步阐明了射干临床疗效的内在基础，并在此基础上研发出新药和保健用品，已取得相关专利和成果。射干不仅是我国中医传统用药，也是韩国、日本传统医学的常用药。

324. 扁竹根

（铁扁担、燕子花、开喉箭、扁竹、豆豉叶、日本鸢尾）

为鸢尾科植物蝴蝶花*Iris japonica* Thunb.的根状茎及全草。

草本。根状茎横生，竹鞭状。叶基生，2列，剑形。总状聚伞花序，高于叶；花淡紫色或淡蓝色，外轮花被片3，倒卵形或椭圆形，微凹，边缘波状，有细齿裂，中脉上有隆起的黄色鸡冠状附属物，内轮花被片微凹。蒴果椭圆形。生于山坡、草地、疏林下或林缘。分布于陕西、甘肃、江苏、安徽、浙江、福建、湖北、湖南、广东、广西、四川、贵州、云南等省区。

地上部分含异黄酮类化合物。花瓣含当药素等。状茎含鸢尾醛类。

根状茎用于食积腹胀、肝脾肿大、肝炎、虫积腹痛、热结便秘、肾炎水肿、疟疾、牙痛、咽喉肿痛、疮肿、便秘、痨病、跌打损伤、子宫脱垂、蛇犬咬伤。内服：3～9 g。外用适量。有小毒。脾虚便溏者及孕妇禁服。全草用于肝炎、肝肿大、喉痛、食积、胃病。脾虚便溏者忌服。

1.食积腹胀：扁竹根、臭草根、香附子各9 g。水煎服。

2.毒蛇咬伤：扁竹根、一枝蒿各等分。捣烂，敷患处。

园林中常栽在花坛或林中作地被植物。

• 蝴蝶花

• 鸢尾

325. 鸢尾（蓝蝴蝶、川射干、豆豉叶、扁竹叶、燕子花、土知母）

为鸢尾科植物鸢尾*Lris tectorum* Maxim.的根状茎。

草本。根状茎粗短，节多，淡黄色。叶二列，剑形。花被片6片，蓝紫色，2轮，外花被片较大，有网纹及白色须毛，内花被片倒卵形，具短爪；柱头3叉，裂片花瓣状。蒴果长椭圆形，6棱。生于林缘、路边。我国大部分省区有栽培。

根状茎含鸢尾黄酮甙、脂肪油。叶含维生素C。

有抗炎作用。

用于跌打损伤、风湿疼痛、咽喉肿痛、食积腹胀、胃痛、黄疸性肝炎、便秘、胃热口臭、疟疾、痈疖肿毒、外伤出血。内服：3～12 g。外用适量。有小毒。脾虚泻泄者忌用。

食积腹胀：鸢尾3 g。研粉，开水吞服或兑酒服。

是庭园布置和切花生产的重要花卉之一。

326. 莪术（蓬莪术、广术、黑心姜、文术）

为姜科植物蓬莪术*Curcuma phaeocaulis* Val.的根状茎。

•蓬莪术

草本。主根状茎陀罗状至锥状陀罗形，侧根状茎指状，内面黄绿色至墨绿色，或有时灰蓝色，须根末端膨大成肉质纺锤形，内面黄绿或近白色。叶鞘下段常褐紫色。叶基生；叶片长圆状椭圆形，上面沿中脉两侧常有1～2 cm宽的紫色晕。穗状花序圆柱状，从根茎抽出，上部苞片长椭圆形，粉红色至紫红色；中下部苞片近圆形，淡绿色至白色。生于山野、村旁、林下。分布于广东、广西、四川、云南等省区。

含挥发油、二呋喃莪术烯酮、莪术二醇、姜黄素类化合物。

有抗肿瘤、抗突变、抗血栓、抗氧化、升高白细胞、抗早孕、保肝、抑菌、改善急性肾功能衰竭作用。

用于血气心痛、饮食积滞、脘腹胀痛、血滞经闭、痛经、症瘕痞块、跌打损伤。内服：3～10 g。外用适量。月经过多者及孕妇禁服。

伤口疼痛：莪术、白僵蚕、苏木各50 g，没药25 g。研末。每服6 g，水煎温服。

莪术为中药常用活血化淤药。

327. 美人蕉（红艳蕉、小芭蕉头、兰蕉、昙华）

为美人蕉科植物大花美人蕉*Canna generalis* Bailey的根状茎及花。

草本。根状茎粗壮。茎叶具白粉；叶质厚，卵状长椭圆形，下部叶长30～40 cm。总状花序顶生；萼片3，苞片状，淡绿色，披针形；花瓣3片，萼片状，直伸；退化雄蕊5枚，花瓣状，倒披针形，乳白、黄、橘红、粉红、大红至紫红色。其中2～3枚较大，1枚反卷，成唇瓣。果球形，具软刺。我国各地常栽培。

根状茎用于肝炎、痢疾、咯血、红崩、白带、月经不调、疮痈。内服：3～10 g。外用适量。花用于金疮、外伤出血。

美人蕉能吸收二氧化硫、氯化氢、二氧化碳等有害物质，抗性较好，具有净化空气、保护环境作用。叶片易受害，反应敏感，被称为有害气体污染环境的活监测器。美人蕉花艳丽多彩，易栽培，是绿化、美化环境的理想花卉。

大花美人蕉

328. 白及（白鸡儿、白鸡婆）

为兰科植物白及*Bletilla striata* Rchb.f.的假鳞茎。

草本。假鳞茎三角状扁球形或不规则菱形，肉质，肥厚，富黏性，常数个相连。叶披针形或宽披针形。总状花序；花紫色或淡红色；萼片和花瓣近等

• 白及

长；唇瓣倒卵形，白色或具紫纹，上部3裂，中裂片边缘有波状齿，先端内凹，中央具5褶片，侧裂片直立；雄蕊与雌蕊合为蕊柱，两侧有窄翅，柱头先端着生1雄蕊。蒴果圆柱形，两端稍尖，具6纵肋。生于山野、山谷较潮湿处。分布于我国华东、中南、西南地区及河北、山西、陕西、甘肃、台湾等省。

含白及胶质、淀粉、挥发油、联苄类、菲类、二氢菲并吡喃类、苄类、蒽醌类化合物。

有止血、保护黏膜、抗肿瘤、抗菌作用。

用于咯血、吐血、衄血、便血、肺结核、外伤出血、痈疮肿毒、烫灼伤、手足皲裂、肛裂。内服：3～10 g；研末，每次1.5～3 g。外用适量。外感及内热壅盛者禁服。反乌头。

咯血：白及、海螵蛸、三七各180 g。共研细粉，每服9 g，每日3次。

白及已被国家列为珍稀濒危保护物种。白及是一种理想栓塞剂，具有栓塞和抑制肿瘤侧支循环形成的双重作用，在介入疗法中广泛用于肿瘤血管栓塞。白及胶可作为制剂的药用基质和药物载体。花美丽，栽培供观赏。

329. 兰草

为兰科植物春兰*Cymbidium goeringii*（Rchb.f.）Rchb.f.的全草。

草本。假鳞茎集生成丛。叶丛生，狭带形。花葶比叶短；花浅黄绿色，有香气；萼片狭长圆形，中脉基部具紫褐色条纹；花瓣卵状披针形，比萼片略短；唇瓣不明显3裂，浅黄色带紫褐色斑点，唇盘中央从基部至中部具2条褶片。生于林下或溪边。分布于我国华东、中南、西南地区。全国各地有栽培。

含酸性磷酸酶、酯化酶、天冬氨酸转氨酶同工酶。

用于胸闷、腹泻、久嗽。内服：3～9 g。

久嗽：春兰花9 g。水煎服。

春兰是兰花中的一种，变型及栽培品种很多。

• 春兰

● 金钗石斛

330. 石斛（金钗花、扁黄草、林兰、悬竹、千年竹）

为兰科植物金钗石斛*Dendrobium nobile* Lindl.的茎。

附生草本。茎丛生，黄绿色，多节。叶长圆形或长圆状披针形，2圆裂；叶鞘紧抱节间。总状花序；花瓣卵状长圆形或椭圆形，白色，末端淡红色；唇瓣近圆卵形，生于蕊柱足的前方，有短爪，下半部向上反卷包围蕊柱，两面被茸毛，近基部的中央有一深紫色斑点；合蕊柱长6～7 mm，蒴果。附生石上和树干上。分布于台湾、湖北、广东、广西、四川、贵州、云南等省区。

含生物碱0.3%（石斛碱、石斛酮碱、石斛胺等）、Stibenoids类、挥发油、金钗石斛素、金钗石斛菲醌、β-谷甾醇、胡萝卜甙。

有兴奋平滑肌、降低胃肠推进活动、抑制心脏、降血压、抑制呼吸、抗肿瘤、促进机体免疫功能、延缓白内障、延缓衰老作用。

用于热病伤津、口干烦渴、胃阴不足、胃痛干呕、肺燥干咳、虚热不退、阴伤目暗、腰膝软弱。内服：6～15 g。鲜石斛清热生津力强，热病津伤者宜之；干石斛宜用于胃虚夹热伤阴者。温热病早期阴未伤者、湿温病未化燥者、脾胃虚寒者均禁服。

病后虚热口渴：鲜石斛、麦冬、五味子各9 g。水煎，代茶饮。

国家重点保护的中药材物种。

331. 火焰兰（山观带、山裙带）

为兰科植物火焰兰*Renanthera coccinea* Lour.的全草。花色艳丽，远观如火焰一般，故名。

草本。茎粗壮，长达1 m，攀援。叶革质，矩圆形，顶端2圆裂。总状花序疏生多花；萼片3片，中萼片狭匙形，红色带橘黄色斑点；花瓣与中萼片同色，但较短小，唇瓣很小，黄白色带鲜红色条纹，3裂，侧裂片近圆形，直立，中裂片卵状矩圆形，唇盘上面具2个半圆形胼胝体；距圆锥形。蒴果。附生于树上或岩石上，庭园常栽培。分布于广东、广西、海南、云南等省区。

用于风湿痹痛、骨折。内服：9～15 g；外用适量。

骨折：火焰兰鲜品适量。捣烂，与小雄鸡鸡肉适量拌匀，酒炒，敷患处（复位后）。

火焰兰是兰科植物中观赏价值极高的热带珍稀品种。

●火焰兰

附录一
中文植物名拼音索引

C

D

H

J

L

M

N

R

S

T

W

X

Y

附录二
拉丁文植物名索引

A

B

C

D

E

F

G

H

I

J

K

L

M

N

O

P

Q

R

S

T

U

V

W

X

Z